어업의 품격

어업의 품격

_건강한 해양생태계를 위해
무엇을 할 것인가?

초판 3쇄 발행일 2024년 7월 10일
초판 1쇄 발행일 2020년 10월 5일

지은이 서종석
펴낸이 이원중

펴낸곳 지성사 **출판등록일** 1993년 12월 9일 **등록번호** 제10-916호
주소 (03458) 서울시 은평구 진흥로 68 2층(북측)
전화 (02) 335-5494 **팩스** (02) 335-5496
홈페이지 www.jisungsa.co.kr **이메일** jisungsa@hanmail.net

ISBN 978-89-7889-450-0 (03470)

잘못된 책은 바꾸어 드립니다. 책값은 뒤표지에 있습니다.

건강한 해양생태계를 위해
무엇을 할 것인가?

어업의 품격

서종석 지음

지성사

글을 시작하며

내 어린 시절 1980년대 중반은 우리나라 수산업의 전성시대였다. 바다에는 물고기가 넘쳐났고 밥상에는 늘 생선이 올라왔다. 특히 명태와 고등어는 가격이 저렴하고 다양한 음식으로 조리할 수 있어 거의 매일 먹다시피 했다. 부모님 손을 잡고 할머니 집에 놀러갈 때도 어린 손주 왔다고 해주시는 음식이 꽃게 된장과 갈치구이였다. 할머니께서 직접 손으로 살을 발라서 밥공기에 올려주시고는 흐뭇한 표정을 지으시던 모습이 아직도 눈에 선하다. 당시에는 소고기, 돼지고기 같은 육류가 워낙 귀했던 시절이라 평범한 가정에서는 단백질을 보충하기 위해 생선을 많이 먹었다.

간식도 수산물이었다. 마른 오징어, 쥐포, 노가리는 대표적인 건어물 삼총사였다. 극장가나 고속버스 터미널 앞에서는 항상 심심풀이 땅콩과 오징어를 외치는 상인들의 목소리를 들을 수 있었다.

심지어 우리 동네 버스정류장 앞에는 100원만 넣으면 쥐포가 구워져서 나오는 신통방통한 자판기도 있었다. 가족 나들이 갈 때 하나씩 사먹는 재미가 제법 쏠쏠했는데, 버스 안에서 달콤 짭조름한 쥐포를 양손에 쥐고 창가에 앉아 스치는 풍경을 바라보면 정말 기분이 최고였다.

당시에는 쥐포의 원료인 쥐치가 정말 흔했다고 한다. 부산에서 가장 큰 어시장인 자갈치시장 앞 바다에서도 쥐치들이 떼를 지어 다닐 정도였다고 한다. 생선 가게 앞에서 물고기들이 헤엄치고 다니는 격이었다. 얼마나 흔했으면 포를 떠서 구워먹고 심지어 굽는 시간도 아깝다고 쥐포 자판기까지 만들었겠는가? 그때는 쥐치뿐만 아니라 온갖 생선들이 바다에 넘쳐나서 종류에 상관없이 뭉개고 갈고 쪄서 묵으로 만들어 먹기도 했다. 그렇게 만들어진 것이 바로 어묵이다.

그때만 해도 바다는 엄청나게 넓고 깊어서 자원이 무한하게 있을 것이라고 생각했다. 생선과 해산물도 바닷속에 가득 있어 누구든 먼저 건져 올리는 사람이 임자라고 생각했다. 하지만 사람들은 더 이상 바다가 주는 대로 받지 않고 더 많이 가져가길 원했다. 누구도 빈손으로 돌아가길 원치 않았다.

어업 기술의 발전은 어부들이 어디에 물고기가 얼마나 있는지 정확히 찾아내게 해주었다. 어선도 더 빠르고 출력이 높은 것으로 바뀌었고 그물도 더 크고 튼튼한 것으로 바뀌었다.

시장에 늘 수산물이 풍성했고 값도 무척 쌌다. 산업이 발전하던 시대라 게맛살, 참치 통조림 같은 새로운 수산가공 제품들도 계속 출시되었다. 생산, 가공, 유통 삼박자가 고루 갖추어지니 수산물은 더 많이 거래되었고, 어시장은 늘 활기에 넘쳤다. 어획량도 계속 늘어났고 일자리도 넘쳐났다. 사람들은 바다가 황금알을 낳는 거위라고 생각했다. 그런데 갑자기 비극이 찾아왔다. 물고기들이 사라지기 시작한 것이다.

물고기가 사라져 어획량이 떨어지자 원인을 찾기 위해 고민하기보다는 더욱 성능 좋은 첨단 장비로 무장한 어선으로 물고기가 사는 곳을 찾아 깊은 바다까지 샅샅이 뒤졌다. 그리고 생산량을 맞추기 위해 어린 물고기, 알밴 어미 물고기 할 것 없이 모두 싹쓸이했다.

이러한 싹쓸이식 조업으로 결국 끝도 없이 나올 것 같던 우리 수산자원이 고갈되기 시작했다. 바다가 텅 비어가니 경쟁이 더 심해졌다. 물고기가 많이 나는 제철 시기의 바다는 남획으로 몸살을 앓았다. 취미 낚시꾼들까지 가세하고 심지어 외국의 불법 어선까지 등장했다. 이렇게 한바탕 난리를 벌이고 나니 그 바다의 생태계는 다 부서져 버렸다.

이렇게 파괴되어 버린 바다에서는 더 이상 물고기가 살지 않는다. 그물에 올라오는 것은 버려진 폐그물과 해양쓰레기들뿐이다. 텅 비어버린 어장에는 물고기 대신 해파리로 가득하다. 어부들은 평생, 아니 몇 세대 걸쳐서 해오던 일을 이제 더 이상 이어갈 수 없는 지경에 이르렀다. 일부 어부들은 일자리를 찾아 바다를 떠나고 몇몇 어부들은 잡히든 안 잡히든 예전 방식 그대로 조업을 계속했다. 그러던 와중에 해결 방안을 찾는 어부들이 나타나기 시작했다.

이 품격 있는 어부들은 과거 어업 방식을 되돌아보고 무엇을 잘못했는지 반성했다. 그리고 자원 회복을 위해 어획량을 제한하고 금어기를 설정했다. 또한 많이 잡아도 물고기 절반 이상이 상처 나서 수익성이 떨어지는 싹쓸이식 조업이 아니라, 덜 잡아도 싱싱하고 고품질의 물고기를 어획해 이윤이 많이 남는 지속가능한 어업 방식을 도입하려고 노력했다.

하지만 여전히 바다에는 파괴적이고 무분별한 어업이 넘쳐난다. 이러한 어업들은 지속가능한 어업을 실천하는 어부들이 애써 회복해 놓은 자원을 가로채고 어장마저 파괴한다. 그리고 그렇게 잡은 수산물을 시장에 헐값으로 내다판다.

우리가 마트나 시장에서 사 먹는 생선과 해산물은 어떤 방식으로 잡은 것일까? 지속가능한 방식일까? 파괴적인 방식일까? 사실 궁금해도 우리는 이러한 정보를 알 수가 없다. 수산물 포장에는 가격표와 유통기간 그리고 수입산인지 국내산인지 정도만 알 수 있는 간단한 정보가 전부이기 때문이다.

소비자가 어떠한 어획 방식으로 잡는지가 아닌 가격과 상태에만 관심 있다면 지속가능한 어업은 줄어들고 파괴적인 어업은 더욱 극성을 부리게 된다. 눈으로 수산물을 아무리 살펴봐도 이것이 지속가능한 방식으로 어획한 것인지 파괴적 방식으로 어획한 것인지 알 수 없기 때문이다. 이런 상황이 반복되다 보면 지속가능한 어업은 소비자들에게 외면 받게 되고, 품격 있는 어부들은 결국 어업을 포기하고 바다를 떠나버리고 만다. 그렇게 되면 우리 바다의 수산물은 파괴적 어업에 의해 더욱 고갈되고 수산물 가격은 천정부지로 뛰어오를 것이다.

지금도 마트에 가면 큰 물고기들이 없다. 있다 해도 너무 비싸다. 가격이 적당하다 싶으면 대부분 조그마한 어린 물고기들이다. 수산물을 좋아하는 소비자들은 가격 때문에 어쩔 수 없이 어린 물고기를 선택하게 된다. 그렇게 악순환의 고리는 계속된다.

그래서 품격 있는 어부가 지속가능한 어업을 하듯 품격 있는 소비자가 책임 있는 소비를 하는 것이 중요하다.

품격 있는 수산물 소비를 하려면 어떻게 해야 할까? 먼저 바다의 상황을 알고 있어야 한다. 그리고 지속가능한 어업과 책임 있는 소비를 위해 동참해야 한다.

이 책은 우리의 수산물이 미래에도 지속가능할 수 있도록 다 같이 노력하자는 마음에서 쓰게 되었다. 바다는 공유자원이다. 우리 모두의 것이지만 그 누구도 소유할 수 없는 것이 공유자원이다. 하지만 누구의 소유도 아니기 때문에 아무도 지키려 하지 않으면 비극이 벌어지고 만다. 이러한 까닭에 모두가 참여해 지켜야 한다. 어업인, 소비자, 정부, 과학자, 시장, 마트, 식품회사 등 모든 이해관계자가 지속가능한 수산물 공급망을 형성하기 위해 다 같이 동참해야 한다.

이 책에는 현재 바다에서 일어나고 있는 비극적인 상황들과 이 상황을 개선하기 위해 다양한 이해관계자들이 어떻게 참여하고 극복해 나가고 있는지 흥미로운 내용들이 알기 쉽게 실려 있다. 미래의 소비자인 청소년과 그들을 지도하는 선생님, 책임 있고 양심적인 소비를 하는 학부모님들이 특히 이 책을 재미있게 읽어주셨으면 한다.

서 종 석

차례

2부
부서지는 바다

3부
미래를 위한 바다

1부

분노의 바다

01

사라지는 국민 생선

쥐치의 추억

쥐치는 1960년대 이전만 하더라도 사람들이 거의 먹지 않는 흔한 물고기였다고 한다. 조선 후기의 학자 김려(金鑢, 1766~1822) 선생이 편찬한 『우해이어보牛海異魚譜』에 따르면, 쥐치는 작은 입으로 먹이를 갉아 먹는 모습이 꼭 쥐 같다고 해서 붙인 이름이다. 이름 탓인지는 몰라도 당시 사람들이 거의 먹지 않아 바다에는 늘 쥐치가 넘쳐났다.

그중에서도 특히 말쥐치가 연안 바다에 많았다. 다른 물고기들과 함께 그물에 잡혀 올라오면 쥐치는 바다로 다시 던져지는 천덕꾸러기였다. 그도 그럴 것이 머리에 송곳 같은 뾰족한 가시를 달고 떼로 다니며 어장에 쳐 놓은 그물을 망쳐 놓아 어부들에게는 아주 성가신 존재였기 때문이다.

그렇게 푸대접을 받던 쥐치가 쥐포로 변신하자 어느 날 갑자기 주전부리계의 스타로 올라섰다. 당시 건어물로 인기를 누리던 대구포와 마른 오징어 가격이 올라가자 쥐포가 각광을 받기 시작한 것이었다. 특히 삼천포 쥐포가 유명했고, 그 앞바다에 그물만 던지면 쥐치가 올라오는 터라 전국 방방곡곡의 배들이 삼천포로 몰렸다. 쥐포 가공공장도 70군데가 넘게 들어섰다.

쥐치가 돈이 되자 대형 트롤어선들이 등장했다. 트롤(trawl)이란 '샅샅이 훑고 다니다'라는 뜻이며, 마력이 높은 어선에 자루그물 양쪽으로 설치한 날개그물을 전개판으로 펼치며 바닷물고기를 바닥까지 훑어 쓸어 담는 고기잡이 도구를 가리킨다.

트롤어선이 쥐치잡이에 나서기 시작하자 그 많던 쥐치가 1986년 중반에 정점을 찍고 이내 줄어들기 시작하더니 1990년에 이르러 거의 사라져 버렸다.

쥐치 가운데 살이 도톰한 말쥐치는 수심 70~100미터 암초지대에서 떼를 지어 산다. 낮에는 바다 중간층에서 생활하다가 밤이 되면 다시 바닥으로 내려간다. 저인망 방식이란 바닥에서 서식하는 모든 생물을 싹 쓸어 담는 것이므로, 일정 시간 동안 바다 밑바닥에서 서식하는 쥐치는 그야말로 안성맞춤 물고기였다.

이렇게 바닥을 쓸고 다니다 보니 어린 쥐치와 어미는 물론이고, 알을 낳는 서식지까지 다 파괴되고 말았다. 이에 따라 쥐포의 전성기인 1980년대에 대형 트롤어선이 누비고 다니면서 어획량이 급증했지만 불과 5년도

쥐치의 어획량(자료: 통계청, 2018)

트롤어선이 쥐치잡이에 나서기 시작하자
그 많던 쥐치가 1986년 중반에 정점을 찍고 줄어들기
시작하더니 1990년에 이르러 거의 다 사라져 버렸다.

안 되어 급격하게 고갈되어 버린 것이다. 그리고 무너져 버린 자원량은 다시는 회복이 되지 않았다.

아직도 사람들은 두툼하고 쫀득한 그때 그 쥐포 맛을 잊지 못한다. 지금은 상대적으로 질이 낮은 베트남산으로 그리움을 달래고 있을 뿐이다. 국내산 쥐치는 포로 가공하기에는 아주 귀한 몸이라 고급 횟감으로 대접받는다. 이렇듯 횟감으로 인기가 많고 가격 경쟁력이 높아지자 양식장에서 사료와 영양제까지 먹이면서 키우는 어류로 바뀌었다. 포를 뜨고 조립하는 쥐포 기술은 점점 싸고 쉽게 구입할 수 있는 어류로 옮겨가 요즘에는 양태포, 아귀포도 등장했다. 하지만 이 짝퉁 쥐포들의 몸값마저 오르고 있다. 인기가 높아지니 또 마구잡이 대상이 된 것이다.

사라진 국민 생선

명태 역시 예전에는 바다에서 흔하게 볼 수 있는 물고기였다고 한다. 기록에 따르면, 조선 후기부터 본격적으로 조업을 시작했는데 1940년 일제 강점기 당시 저인망어선이 등장하면서 어획량이 급격히 늘어나기 시작했다.

당시 일본 사람들에게 명란은 가치가 매우 높은 수산물이었으며, 당연히 명태 자원이 풍부한 동해 어장은 수탈의 대상이었다. 명란을 제외한 다른 부위는 일본에서 그다지 상품성이 없었던 탓에 우리 국민들은 먹을거리가 귀했던 시절에 그나마 단백질을 저렴하게 공급받을 수 있었다. 특히 명태는 지방이 적어 말려서 장기 보관할 수 있었고, 흉년이 들 때면 아주 요긴한 먹을거리였다. 맛과 영양도 좋아 동태찌개, 코다리, 황태구이, 생태탕, 북어국 등 다양한 요리로 변신하여 당시 설움 받던 서민들의 밥상에 귀한 손님이 되었다.

그처럼 오랫동안 우리 곁을 지켜온 동해의 명태 자원량은 영원히 고갈되지 않을 것처럼 느껴졌다. 1970년대 정부는 어획량을 더 확보하기 위해 아예 규제를 풀어 버렸다. 우리가 안 잡으면 일본이나 중국, 북한 등 주변 나라들의 해역으로 넘어갈지도 모르니 일단 잡고 보자는 것이었다. 당시에는 「수산자원 보호령」으로 어린 명태의 어획이 금지되었는데 이마저도 풀어 버렸다.

쌍끌이 기선 저인망어선들은 큰 것, 작은 것 가리지 않고 더욱 거침없이 싹쓸이를 시작했다. 그러자 영원할 것 같던 명태 어장이 규제를 푼 지 딱 10년 만에 문제가 나타나기 시작했다. 명태의 어획량이 점점 줄어들고 크기도 계속 작아졌다. 큰 명태는 금세 귀해졌고, 대신 어린 명태가 '노가리'라는 이름으로 둔갑해서 시장에 싼 가격으로 유통되었다. 1980년 초, 명태 어획량의 약 70퍼센트가 어린 명태인 노가리가 차지할 정도였다.

사람들은 살이 부드럽고 쫀득한 노가리를 명태와는 다른 종류의 물고기로 생각했다. 설령 알았다 해도 주전부리나 안주거리로 생각했지, 다 자랄 때까지 기다려야 할 어린 물고기라고는 생각하지 않았다. 당시 사람들이 평소에 노가리를 얼마나 심심풀이로 즐겼으면 수다 떠는 것을 "노가리 깐다"고 표현했겠는가?(실제로 명태는 산란기에 암컷 한 마리가 약 수십만 개의 알을 낳는데, 이렇게 한꺼번에 많은 알을 낳는 것을 두고 사람이 말을 많이 하는 것에 빗댄 표현이다.)

노가리 수요는 늘어나는데 자원량이 계속 줄어들자 어획 강도를 더욱 높여 어획량을 늘렸다. 바다를 샅샅이 뒤지다가 한번 걸리면 새끼나 어미 모두 일망타진이었다.

명태는 원래 평균 수명이 8년인 물고기이다. 한 번에 25만~40만 개로 엄청나게 알을 많이 낳지만 생존율이 매우 낮아 크게 자라기가 쉽지 않다. 더군다나 2~3년의 어린 물고기 시절을 거쳐야 번식을 할 수 있다. 이 어린 물고기는 물론이고, 알을 밴 암컷 물고기까지 싹쓸이를 해버리니 번식할 만큼으로 자란 명태가 사라진 것이다. 번식이 안 되니 당연히 개체수의 회복도 안 된다. 악순환인 것이다.

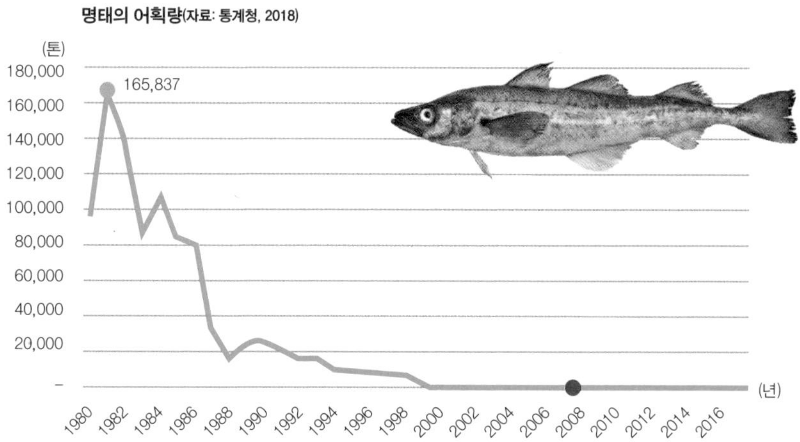

영원히 고갈되지 않을 것 같은 명태 자원량은
2008년부터 정부의 공식 통계상 '0'을 기록했다.

명태는 그렇게 사라져 갔다. 일각에서는 명태는 계절에 따라 이동하는 회유성 어종이라 기후변화로 인해 북쪽으로 이동했다고 주장하기도 한다. 하지만 명태가 서식하는 동해안은 수심이 깊기 때문에 바다 깊은 곳을 헤엄치는 명태에게는 지금의 수온 변화가 치명적이지는 않다는 주장이 더 설득력을 얻고 있다. 특히 당시 조업을 했던 어부들과 그 위험성을 경고했던 수산과학자들이 대형 저인망어선들의 마구잡이가 가장 큰 원인이라고 입을 모아 주장하고 있다. 어쨌든 명태는 2008년부터 우리 정부 공식 통계상 '0'이다.

지금 우리 밥상에 오르는 명태는 대부분 러시아산이다. 포장지에 원양산이라고 표기된 명태는 우리나라 어선들이 러시아 등의 해역에서 입어료라는 통행세를 내고 어획해 오는 것이다. 1991년 우리나라와 러시아는 어업협정을 맺었다. 다른 나라의 바다에서 조업하려면 언제 무엇을 얼마나 잡을지 미리 정해서 허락받아야 한다.

그러나 이는 상당히 예측하기 어려운 일이다. 그 시기에 조업할 물고기가 있을지 없을지는 누구도 알 수 없다. 게다가 자원량은 줄어드는데 입어료는 점점 높아지니 손해 볼 확률이 높다. 심지어 빈손으로 돌아올 수도 있다. 이제는 명태를 잡기 위한 원양어업도 전망이 그리 밝지 않다. 그러다 보니 점점 수입산이 늘어난다. 한때 그렇게 풍성했던 우리의 국민 생선 1호 명태가 처한 현실이다.

여전히 마구잡이 대상인 어린 물고기

쥐치가 고갈되고 명태가 싹 사라진 지 20여 년이 지난 지금도 밥상에는 여전히 수산물이 빠지지 않는다. 하지만 생선의 국적이 바뀌었다. 식탁에 올라오는 고등어는 노르웨이산이요, 명태는 러시아산이다. 주전부리 쥐포는 베트남산이고 오징어는 중국산이다.

어린 시절 할머니가 고추장이나 된장을 풀어 자글자글 끓여 주시던 꽃게와 갈치도 자원량이 급격히 줄어들고 가격은 연일 오른다고 방송에서 심각하게 다루기도 한다. 얼마나 귀하고 비싼지 이름도 금게, 금징어, 금갈치, 금조기 등 전부 '금' 자 돌림이다. 왜 우리의 국민 생선들은 모두 외국산으로 바뀌어 가는 것일까?

이런 상황에도 우리 앞바다에서는 여전히 마구잡이가 벌어지고 있다.

상품성이 떨어지는 어린 물고기는 사료용으로 값싸게 팔려 나가고, 알밴 어미 물고기도 몽땅 싹쓸이되고 있다. 수산자원이 회복할 시간을 주지 않으니 그저 빠르게 고갈되어 갈 뿐이다.

2018년 해양수산개발원의 한 보고서에 따르면, 요즘 저인망(바다 밑바닥으로 끌고 다니면서 깊은 바닷속의 물고기를 잡는 그물)과 안강망(긴 주머니 모양의 통그물로, 조류가 빠른 곳에 큰 닻으로 고정하고 조류에 밀리는 물고기를 받아서 잡는다)으로 잡는 갈치 중 70퍼센트 이상이 어린 물고기다.

참조기 자망어업(바다에서 물고기 떼가 지나다니는 길목에 쳐 놓아 고기를 잡는 데 쓰는 그물로, 물고기가 지나다가 그물에 말리거나 그물코에 걸리도록 하여 잡는다)에서 50퍼센트 이상, 참조기 안강망어업에서 무려 90퍼센트 이상이 어린 물고기다. 대형 선망어업(크고 기다란 띠 모양의 그물을 가리키며, 이 그물을 물속에 수직으로 둘러친 뒤 미리 설치해 둔 주머니 끈 모양의 죔줄을 졸라매어 고기 떼가 달아나지 못하게 차차 죄어 가며 잡는다)에서도 어획하는 고등어의 40퍼센트 이상이 어린 물고기라고 한다. 지금 바다에서의 마구잡이가 얼마나 심각한지 알 수 있는 상황이다.

갈치는 1970년대 중반 고등어보다 흔하고 값이 쌌다고 한다. 요즘에는 한 마리에 몇만 원씩 하는 아주 귀한 생선이다. 너무 비싸 선뜻 손이 가지 않을뿐더러 한 끼 밥상에 올리기에도 부담스럽다. 하지만 어린 갈치인 풀치는 아직 값이 싸다. 밥반찬으로 먹기도 하지만 대부분 양식장 사료나 어묵 원료로 싼값에 팔리고 있다. 이렇듯 풀치를 마구 잡으니 갈치 생산량이 계속 줄어드는 것은 당연한 결과이다. 공급이 줄어드니 시장 가격은 점점 더 올라간다.

다른 수산물도 크게 다르지 않다. 어린 오징어인 총알오징어, 어린 참조기인 깡치, 어린 청어인 솔치…… 이름만 들으면 소비자들은 전혀 다른 생선으로 착각하기 십상이다. 더 자라야 할 어린 물고기라는 생각을 못 하고 거리낌 없이 지갑을 연다. 맛이 부드럽고 좋은데다 가격도 싸니 사지 않을 이유가 없다. 우리 앞바다가 자신의 이러한 소비로 인해 고갈되어 간다고는 상상조차 하지 않는다. TV 홈쇼핑이나 마트, 재래시장 상인들은 지금 이 순간에도 어린 물고기를 좋은 상품으로 선전하고 있다. 포털 검색창에 솔치, 풀치를 입력하면 얼마나 많은 상품들이 유통되는지 확인할 수 있다.

최근에는 어린 대구인 보렁대구도 유통되고 있다. 어린 명태인 노가리가 귀하기 때문이다. 노가리보다 더 작은 것은 '앵치'라는 이름으로 팔리고 있다. 이처럼 쥐치와 명태가 고갈되었지만 아직 사람들은 그 심각성을 잘 느끼지 못하고 있다. 그저 비슷한 생선이 있으면 그 생선으로 시선을 돌리고 만다.

전 세계 해역의 수산자원이 고갈되고 있다. FAO(Food and Agriculture Organization, 세계식량농업기구)에 따르면, 수산자원의 30퍼센트 이상이 마구잡이로 잡히고 있다. 이대로라면 2048년에는 수산물이 모두 고갈될 것이라고 전문가들은 예측하고 있다.

설마 그런 일이 진짜 일어날까 하고 생각한다면 고래와 상어를 떠올려보라. 대부분의 종이 멸종위기를 선고받은 상태이다. FAO의 통계에 따르면, 매년 약 2조 7천 억 마리의 물고기가 사라지고 있다. 지금 우리 밥상뿐

세계 수산자원의 상태 추이(1974~2017, 자료: FAO)

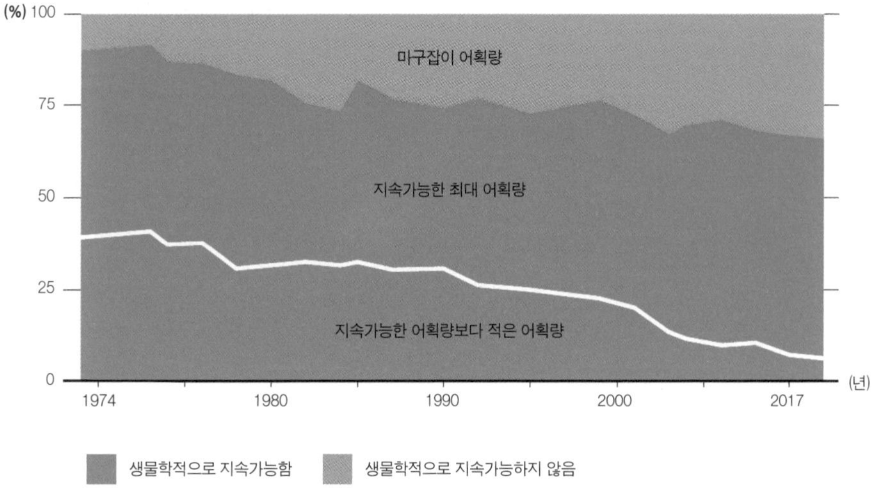

수산자원의 30퍼센트 이상이 마구잡이로 잡히고 있다.
이대로라면 2048년에는 수산물이 모두 고갈될 것이다.

만 아니라 전 세계인의 식단도 바뀌고 있다. 수산물은 점점 귀해지고 크기도 작아지고 있다. 그러나 가격은 계속 오른다.

수산물은 전 세계 26억 명이 넘는 사람들이 의존하는 중요한 단백질 공급원이다. 단순히 식도락가가 즐기는 별미가 아니다. 사람들이 좋아하는 수산물을 이것저것 마구 잡아 고갈시켜 버린다면 머지않아 플랑크톤 젓갈을 반찬으로 먹어야 하는 시대가 올 것이다.

02

바다 위의 질주

질주하는 어부들

어부들은 부지런해야 한다. 이른 새벽부터 서둘러 출항하여 남들보다 먼저 목 좋은 곳에 자리 잡아야 하기 때문이다. 하지만 도착해 보면 이미 다른 어선이 어느새 그물을 내리고 있다. 그래서 어부의 새벽은 언제나 치열하다. 바다는 넓지만 어장은 좁다. 물고기는 점점 줄어들고, 자기만 알고 있던 비밀 어장도 하나둘씩 텅 비어 가고 있다. 새벽에 누구보다 일찍 일어났어도 어디로 가야 물고기가 잡힐지 알 수가 없다. 어느새 어군 탐지기에는 물고기보다 어선들이 더 많이 나타나기 시작한다.

2018년 1월 1일 기준으로 우리나라의 어업 허가는 면허어업이 9,992건, 허가어업이 4만 7360건(근해어업 2,758건, 연안어업 3만 9866건, 구획어업 4,736건),

신고어업이 11만 2592건으로 그야말로 초만원이다. 하지만 조업할 수 있는 전체 바다 면적은 44만 3000제곱킬로미터로 어업당 평균적으로 2.6제곱킬로미터의 공간을 어장으로 활용하는 셈이다. 그래서 어장에는 늘 어선들로 붐빈다.

그물을 내리는 투망(投網) 때와 그물을 걷어 올리는 양망(揚網) 때가 되면 서로의 어구가 얽히고설키는 경우가 많아 툭하면 다툼이 벌어지곤 한다. 손상된 어구는 다음 조업을 위해 즉시 보수해야 한다. 이렇게 되면 바다에서 보낼 귀중한 시간과 에너지가 낭비되고 만다. 더군다나 상대방의 어구도 보상해 주어야 하니 손해가 이만저만 아니다. 그래서 종종 상대방의 통발이나 그물이 딸려 올라오면 아예 그물과 연결되어 있는 밧줄을 끊어 버리고 몰래 줄행랑을 놓기도 한다. 자신의 어구를 보호하고 시간을 벌기 위해서이다. 이런 상황에서 수산자원까지 고갈되고 있으니 그야말로 분노의 질주가 되는 것이다.

예전에는 지역 구분 없이 사이좋게 조업하던 어장도 수산자원이 부족해지자 서로 자신의 어장을 보호하기 위해 행정구역을 엄격히 나누고 감시해 달라고 정부에 요청하고 있는 실정이다. 특히 물고기가 많이 나오는 제철에는 더욱 심해진다.

심지어 불법 조업도 서슴지 않는다. 무등록·무허가 어선들이 마구잡이로 조업을 나간다. 연안어선은 근해로 가고 근해어선은 연안으로 들어간다. 이렇게 치열한 경쟁이 계속되다 보니 갈등과 분쟁이 끊이지 않는다. 말싸움에서 몸싸움으로 이어지고 법적 다툼으로까지 간다.

연안어선(앞)과 근해어선(뒤)으로 북적이는 항구

우리나라에서 연안어업과 근해어업은 거리가 아니라 어선의 크기로 구분한다. 근해는 10톤 이상, 연안은 10톤 미만으로 연안어선이 근해어선에 비해 훨씬 작다. 하지만 자원이 고갈되면서 근해어선이 연안까지 접근해서 조업을 하고, 거의 10톤 가까이 되는 연안어선들은 근해로 나아가서 조업을 한다. 그래서 연안어선과 근해어선 간의 갈등이 끊이지 않는다.

통발, 자망, 선망, 저인망, 안강망, 정치망…… 이렇게 다양한 어구와 어업 방식들을 사용하는 어선들이 한 바다에서 동시다발로 조업을 하고 있다. 우리나라 어업의 종류(업종)는 41개로 근해어업 21개 업종, 연안어업 8개 업종, 구획어업이 12개 업종이다. 하지만 기선 저인망 같은 쌍끌이 어법에 속하는 업종은 연안 밖인 근해에서만 조업할 수 있게 법으로 정해져 있고, 다른 업종들은 연안과 근해 구분이 없다.

수산물이 줄어드니 점점 어장이 좁아진다. 2014년에 연·근해어업 조업 구역이 조정되고 어선 수를 줄이는 감척이 이루어지기도 했지만, 그 밖의 어선들이 어획 강도를 높여서 마구 잡는 바람에 자원 고갈을 줄이지는 못했다. 정부에서 관리·감독을 하려 해도 인력과 비용이 만만치가 않다.

우리 국민들이 좋아하는 고등어, 오징어, 참조기, 갈치 등은 대부분 연·근해에서 조업한다. 고등어 선망의 경우 6척의 배가 한 선단이 되어 움직인다. 총괄 지휘자인 어로장이 있는 본선, 불을 밝히는 2척의 등선, 운반선 3척이 어로장의 지휘 아래 호흡을 같이한다. 그렇기 때문에 한 번 조업을 나가면 엄청난 운영비가 소모된다.

근해 어장까지 가는 시간만 해도 열 시간이 걸린다. 어장에 이르면 고등어를 유인하기 위해 8시간 동안 등선이 불을 밝힌다. 이렇듯 한 달 가까이 이루어지는 조업에 드는 비용이 10억 원을 훌쩍 넘는다. 그래서 손해를 보지 않으려면 조업 위치 선정이 매우 중요하다.

고등어는 일정한 경로로 이동하면서 살아가는 회유성 어종이다. 4~5월에 산란을 하고 동해와 서해에서 성장한 뒤 이듬해 2~3월에 제주도 근방에서 겨울을 보내는데, 11월경에 겨울나기를 대비한 고등어가 기름기가 많고 통통하다. 그래서 이 시기의 이동 경로를 장악하고 있으면 상품성이 좋은 고등어를 떼로 잡을 수 있다.

하지만 제철에는 고등어 조업이 엄청나게 치열해서 어획이 쉽지 않다. 목 좋은 곳은 다른 어선들이 벌써 차지하고 있다. 그마저도 조업이 시원찮다. 그래서 본전을 뽑으려면 큰 물고기든 어린 물고기든 일망타진해야 한다. 자칫하다가는 빈손으로 돌아가게 되고 선원들 월급도 못 주게 되면 결국 선사들은 망하고 만다. 최고의 실력과 숙련된 노하우로 살아남은 회사들 역시 줄어드는 수산자원과 작아지는 물고기 크기에 불안감을 느끼기는 매한가지이다.

고등어는 수명이 7년이라 예전에는 제법 큰 개체들이 잡혔지만 지금은 훨씬 어리고 작은 개체들이 잡힌다. 국내산 어린 고등어는 여전히 값싸게 팔리지만, 크기가 큰 수입 고등어의 인기가 갈수록 높아지자 점점 시장에서 외면을 받고 있다. 국내산은 너무 작아 구이용으로는 부적합한 탓이다. 하지만 인건비와 운영비라도 마련하려면 어린 물고기가 클 때까지 마냥 기다릴 수는 없다.

어민들이 자체적으로 금어기까지 정했지만 그것만으로는 충분하지 않다. 품질과 가격면에서 경쟁력을 잃은 수많은 어린 고등어는 사료로 싼값에 팔리고 있다. 고등어 자원은 급격히 고갈되고 있고 조업 경쟁은 갈수록 더 심해진다. 우리의 고등어도 명태와 같은 운명이 될지, 안 될지는 아무도 장담하지 못한다.

오징어 역시 1990년 이후부터 10년 넘게 한 해에 약 20만 톤씩 꾸준하게 잡히던 효자 수산물이었다. 하지만 북한 해역에 중국 어선들이 조업하기 시작하자 자원량이 급격히 줄어들었다. 중국 어선의 싹쓸이식 조업은 세계적으로 악명이 높은데다 기후변화까지 영향을 미쳐 2018년에는 어획량이 5만 톤도 되지 않을 만큼 줄어들었다. 기존의 4분의 1도 안 되는 수준이다.

시간이 지날수록 오징어 자원이 계속 줄어들고 가격이 천정부지로 오르자 조바심이 난 국내 어선들도 싹쓸이 조업에 가담했다. 밤에 집어등으로 환하게 불을 밝히고 오징어를 잡던 채낚기어업뿐만 아니라 저인망, 정치망 등의 어구를 쓰는 어선들도 앞다투어 조업에 나섰다. 심지어 불법 어업까지 감행했다. 오징어 자원이 줄어드니 어린 오징어인 총알오징어가 대량 유통되고 있다. 이렇게 되면 오징어도 곧 우리 바다에서 사라져 버릴 것이다.

꽃게 어업도 중국 어선들 때문에 몸살을 앓고 있다. 중국 어선의 마구잡이로 꽃게 어획량은 절반으로 줄어들었고, 그나마 남은 자원을 잡기 위해 통발과 자망어업이 서로 경쟁적으로 조업을 하고 있다. 같은 어장에서 조업을 하다 보니 어구들이 수시로 얽힌다. 바다 아래 쳐 놓은 자망이 통발에 걸려 찢어지거나 자망을 끌어올릴 때 통발이 걸려 떠내려가는 경우도 허다하다. 심지어 제철인 4~5월에 다른 어부가 쳐 놓은 그물이나 통발에 잡힌 꽃게를 훔쳐 가는 일도 종종 벌어진다.

멸치도 같은 신세이다. 서해와 남해에 많이 나는 멸치는 권현망, 유자

어구 종류

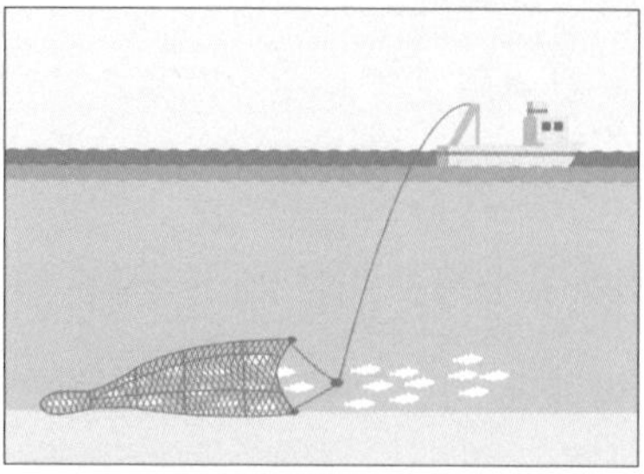

저층트롤(Bottom Trawl)

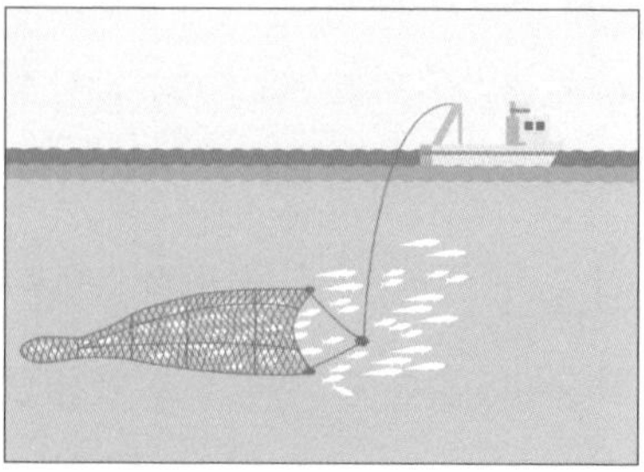

중층트롤(Midwater Trawl)

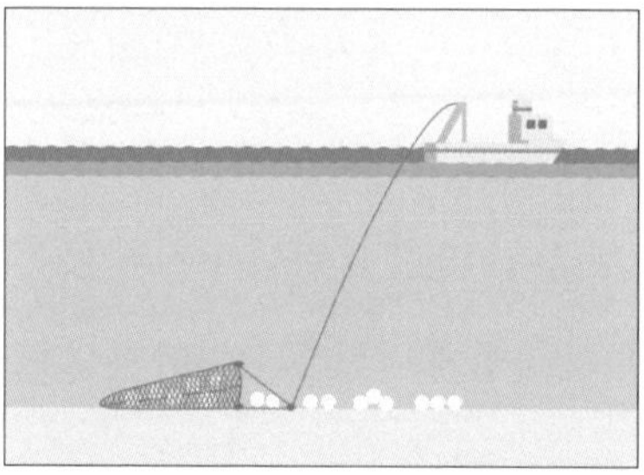

형망(Dredges)

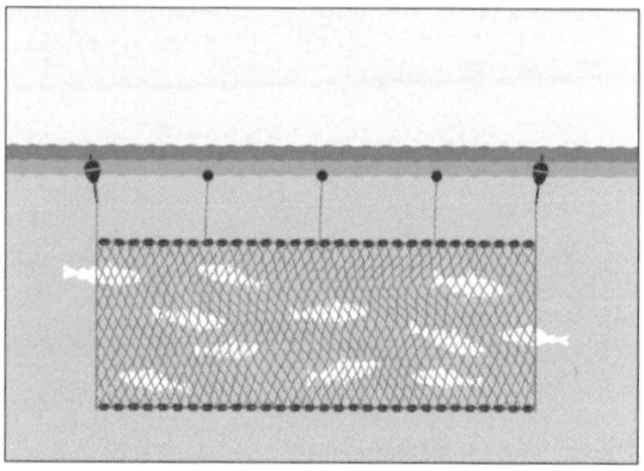

자망(Gillnet)

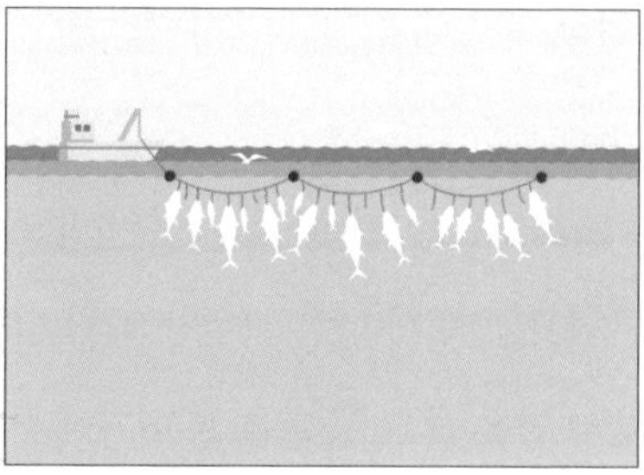

연승/주낙(Longline)

채낚기(Pole and Line)

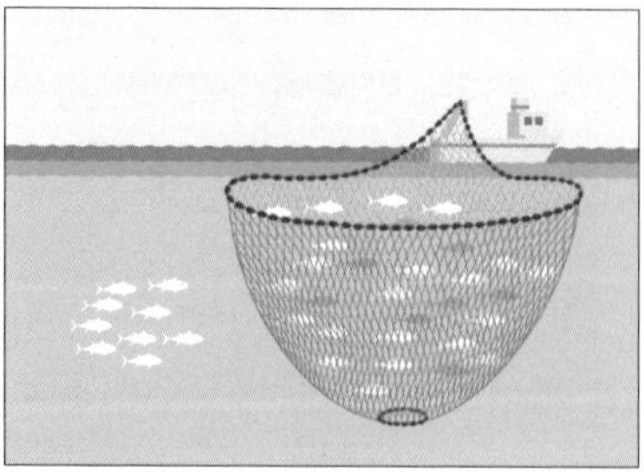

선망/두릿그물(Purse Seine)

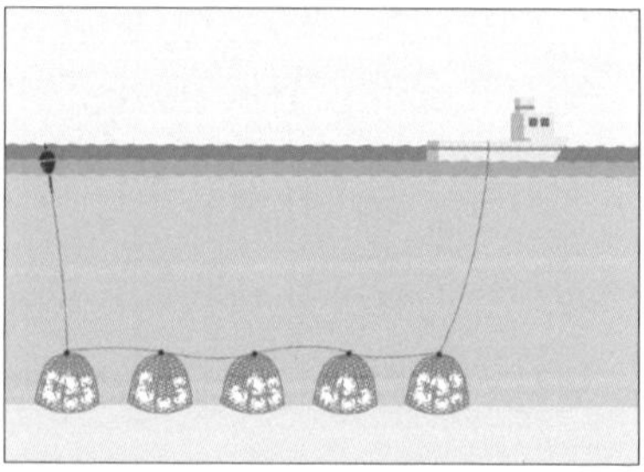

통발/단지(Trap/Pots)

(자료: MSC)

망, 정치망, 대형 쌍끌이 기선 저인망, 중형 쌍끌이 기선 저인망, 선망, 소형 선망, 들망, 안강망 등 수많은 방식으로 어획된다.

멸치는 세멸, 자멸, 소멸, 중멸, 대멸 이렇게 크기별로 이름이 다르지만 실제로는 다 같은 종류이다. 요즘에는 크기가 큰 대멸보다는 볶음용 세멸처럼 작은 멸치가 인기가 많다. 그렇다 보니 망이 촘촘한 세망을 많이 사용하게 된다. 촘촘한 세망을 사용하면 멸치뿐 아니라 다른 어린 물고기까지 잡혀 올라온다. 이것 역시 싹쓸이 조업이다. 특히 쌍끌이 저인망 같은 대형 어선에서는 엄청난 수준의 혼획이 이루어지고 있다.

어쨌든 멸치 역시 경쟁 조업으로 미래가 어두운 실정이다. 만약 멸치가 고갈된다면 많은 해양생물들이 사라지게 될 것이다. 멸치는 수많은 육식

알아보기

권현망權現網: 400미터 정도의 앞날개 부분과 30미터 정도의 안날개 및 여자망지(씨날 그물감이라고도 하는데 씨줄과 날줄 두 가닥씩을 꼬아 가면서 일정한 간격마다 서로 얽어 그물코가 직사각형이 되게 짠 것) 그물로 만든 자루그물이다.

유자망流刺網: 어구를 고정하지 않고 물의 흐름에 따라 흘러가게 하여 헤엄치는 수중생물을 그물코에 꽂히도록 해서 잡는 어법이다. 또는 걸그물 뜸(위)과 침자(아래)가 붙은 그물로 수중에 커튼처럼 내려 그물코에 수중생물이 걸리게 띄워 두는 어구이다. 이에 비해 고정되어 있는 붙박이 그물 또는 자리그물은 '정치망定置網'이라고 한다.

선망: 자루의 양쪽에 기다란 날개가 있고, 그 끝에 끌줄이 달린 그물을 기점(육지나 배) 가까이에 투망해 놓고, 끌줄을 오므리면서 끌어당겨, 그물을 기점으로 끌어들여서 잡는 데 쓰이는 어구/어법이다. 또는 기다란 사각형의 그물로 물고기 떼를 둘러싼 후 그물의 아랫자락을 조여서 물고기 떼가 도망가지 못하게 하는 어구/어법이다.

들망: 자루 모양이나 평평한 그물을 펴서 어류를 그 위에 모이게 하여 잡는 방법이며 비교적 작은 어구는 별다른 기구가 없으나 대형화하면 어구를 올리기 위한 장치가 필요하다.

어류와 돌고래와 같은 포유류가 주식으로 삼는 어종이기 때문이다. 하지만 어부들은 이러한 문제보다 서로의 이권 다툼이 더 중요하다. 수산물은 점점 고갈되고 어업 분쟁에 따른 갈등은 점점 더 깊어진다.

어업 분쟁

지역 어업인들 간의 분쟁은 최악의 경우 법적 공방으로 이어지지만 국가 간의 어업 분쟁은 최악의 경우 무력 충돌로 이어진다. 특히 영유권 분쟁지역에서는 경비정과 어선들 간의 충돌이 수시로 일어난다. 경비정들은 외국 어선을 쫓아내거나 붙잡기 위해 물대포를 쏘거나 최루탄을 발사한다. 외국 어선들은 붙잡히지 않으려고 도망가거나 무력으로 저항한다. 서로 자국 어선을 보호하려고 경비정끼리 충돌하기도 한다. 이러한 과정에서 종종 사상자가 발생한다. 어업 분쟁으로 인한 무력 충돌은 전 세계 곳곳에서 일어나고 있고, 선진국도 예외는 아니다.

미국과 캐나다에 랍스터 어업으로 인한 분쟁 지역이 있다. 미국 메인주와 캐나다 뉴브런즈윅 주 사이에 있는 마키아스실섬(Machias Seal Island)이라는 0.08제곱킬로미터의 작은 무인도가 바로 그 중심에 있다. 이 지역은 오래전부터 미국 영토인지, 캐나다 영토인지 분명치 않았다. 따라

미국과 캐나다의 랍스터 어업 분쟁 지역인 그레이존

서 두 나라 어민들은 이 섬을 둘러싼 이 지역을 그레이존(Gray zone)이라고 불렀다. 그레이존은 소유가 분명하지 않은 중간지대를 뜻한다.

랍스터(Lobster) 수요가 지금처럼 많지 않았던 시기에는 생태 관광이나 지역 어부들 몇몇이 조업하는 조용한 곳이었다. 랍스터 서식지가 있는 그레이존 주변은 그야말로 랍스터 황금어장이었다. 그래서 미국 메인주에서 잡은 랍스터는 캐나다 가공공장으로 보내져 상품이 되어 전 세계로 수출되었다. 랍스터로 서로 상부상조하던 관계였던 것이다. 그런데 세계적으로 랍스터의 인기가 높아지고 가격도 치솟자 이 일대에 미국 각지의 어선들과 캐나다 어선들이 모이기 시작했다. 어선들이 많아지자 조업은 치열해졌고 분쟁이 잦아졌다. 서로 협력관계를 유지하던 미국과 캐나다의 랍스터 분업도 끝이 났다.

각국 정부는 자국의 어부들을 위한 어장을 확보하려고 섬에 대한 영유권을 주장하기 시작했고, 어부들도 상대국 어부들에게 적대적으로 변해 갔다. 어부들은 랍스터를 잡기 위해 통발에 미끼를 넣어 바닥에 수없이 깔아 놓았고, 좁은 어장에 많은 배들이 한꺼번에 조업을 하니 통발이 서로 얽히는 것이 예삿일이 되었다. 자칫하면 랍스터가 든 통발을 그대로 물속에 썩혀 버릴 수 있어 조업할 때마다 신경이 날카로워졌다. 급기야 상대방의 통발을 가차 없이 끊어 버리기까지 했다.

서로에 대한 불만과 보복으로 이런 일들이 잦아지자 조업할 때 자국의 해양경찰까지 나서게 되었다. 어부들은 잃어버리는 통발 때문에 조업을 나가면 손해가 더 컸다. 캐나다는 보복으로 미국산 랍스터 수입을 중지하고 자국의 어부들에게 랍스터 어업에 더욱 힘을 쓰라고 권했다. 자국의 어부들이 잡지 않으면 미국 어부들이 다 잡을 것이라는 불안으로 돈독한 우방관계가 무너지고 마침내 영토분쟁으로 이어지게 된 것이다.

영국과 프랑스는 때로 전쟁을 벌일 만큼 강력한 경쟁 상대였지만 제1·2차 세계대전을 겪으면서 돈독한 우방관계를 유지하고 있다. 하지만 가리비 어업에서는 여전히 서로가 앙숙임을 여지없이 보여 주었다. 영국과 프랑스의 경계인 영불해협에서 프랑스 노르망디 근해인 센만(Baie de Seine)은 질 좋은 가리비(Scallop) 산지로 유명하다. 노르망디 연·근해에서 조업하는 프랑스 어부들은 이곳의 가리비 자원을 유지하기 위해 철저하게 5월부터 10월까지를 금어기로 정해 조업 금지 기간을 지켰다. 그런데 이 기간에 영국 소형 어선 5척이 넘어와서 조업을 한 것이다. 분노에 찬 프랑스 어부들이 어선 40척을 몰고 영국 어선을 둘러싼 후 들이받고 욕설과 함께 돌멩이를 던지며 충돌하자 결국 해군이 투입이 되었다. 2012년과 2018년 두 차례 발생한 영국과 프랑스 어부 간의 물리적 충돌은 후에 가리비 전쟁으로 기록되었다.

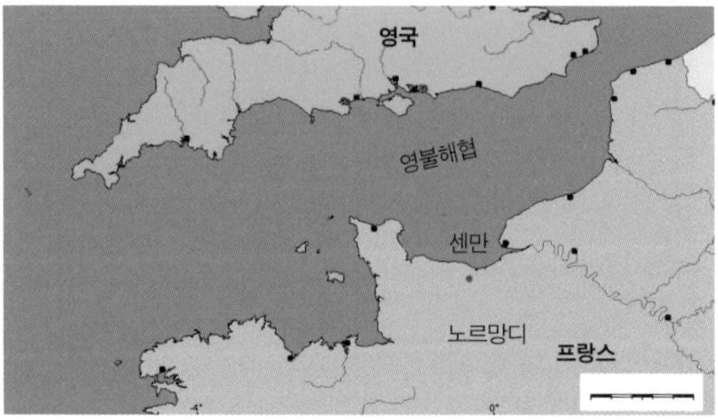

프랑스 노르망디 근해인 센만에서 벌어진 영국과 프랑스의 가리비 전쟁

영국과 아이슬란드 사이에서 1950~1970년대 세 차례에 걸쳐 발생한 대구(Cod) 전쟁도 어업 분쟁으로 벌어진 사건이다. 1944년 덴마크에서 독립한 아이슬란드는 자원이 많이 부족한 나라로 대부분 국민들은 어업에 생계를 의존하고 있었다. 하지만 아이슬란드 앞바다에는 늘 다른 나라의 어선들로 가득 차 있었고, 트롤어선까지 합세하여 수산자원을 쓸어 가고 있었다.

때마침 미국에서 자국의 대륙붕 자원을 직접 관리하겠다고 선언하자 다른 국가들도 자국 연안 대륙붕을 영해로 지정하기 위해 적극적으로 나섰다. 아이슬란드 역시 어장을 확보하기 위해 영유권을 4해리로 지정했다가 12해리, 50해리로 점점 늘려 갔고, 다른 나라의 어선들에 규제를 걸었다. 이러한 과정에서 예전부터 아이슬란드 연안에서 조업을 하던 영국 어업계의 불만이 높아졌다.

결국 영국 어선들은 이러한 국제적인 움직임을 무시하고 대규모 선단을 구성하여 해군의 보호까지 받으며 아이슬란드 연안으로 향했다. 이 소식을 들은 아이슬란드는 경비정과 함대를 보내 맞섰다. 1차 전쟁은 조업하던 영국 저인망어선에 아이슬란드가 경고사격한 것이 도화선이 되었다. 아이슬란드 경비정 6척과 영국 전함 37척이 대치하는 형국이 되어 일촉즉발 상황이었다. 다행히 영국이 아이슬란드 정부가 발표한 12해리 영해를 인정함으로써 1차 대구 전쟁은 막을 내렸다.

2차 대구 전쟁은 1970년대 초반 아이슬란드가 다시 50해리로 영해를 늘린 데서 시작되었다. 대륙붕이 50해리까지 이어진다는 이유였다. 이번에도 영국 어업계의 반발이 거셌다. 영국 어선들은 이를 무시하고 조업을 강행했다. 아이슬란드 경비정의 위협사격으로 어선은 포탄을 맞고 물러갔다. 아이슬란드는 영국이 조업을 강행할 경우 국교를 단절하겠다고 선언했다. 결국 NATO(North Atlantic Treaty Organization, 북대서양 조약기구)의 중재로 영국은 2년간 50해리 이내 일부 구역에서 조업하는 것을 허락받았지만 어획량을 제한하는 조건으로 어업협정이 이루어졌다.

가장 치열했던 것은 3차 전쟁이다. 1973년 남아메리카, 아프리카, 아시아를 중심으로 34개국이 배타적 경제수역을 200해리로 늘리자고 제소했다. 오일쇼크로 경제 기반이 흔들리던 아이슬란드는 당연히 여기에 동참했다. 아이슬란드의 유일한 경제 기반은 어업 자원이었고, 큰 대구의 수가 급격히 줄어들어 위기감이 높아진 것이다.

영국처럼 아이슬란드에서 수시로 조업하던 당시 서독은 200해리를 아이슬란드의 배타적 경제수역으로 인정하고 연간 어획량을 6만 톤 이하로 제한했다. 하지만 영국은 끝까지 물러서지 않았고 때로는 경비정을 들이받으면서까지 조업을 강행했다. 1976년 사상자가 발생할 정도의 무력 충돌이 벌어지자 이에 참다 못한 아이슬란드가 영국과의 국교를 끊어 버리겠다고 선언했다. 결국 국제사회의 압력

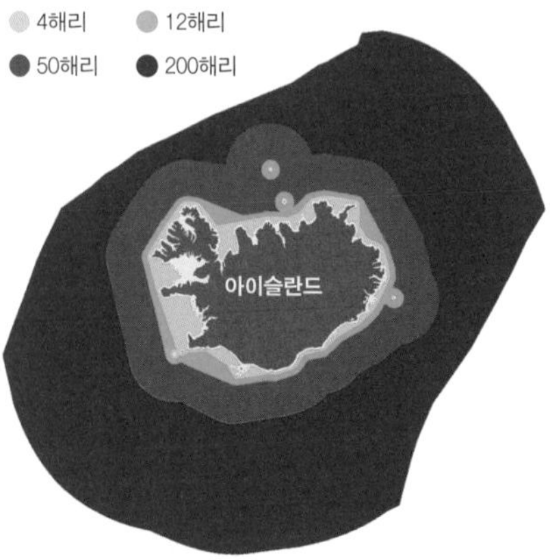

대구 전쟁을 계기로 정해진
아이슬란드의 배타적 경제수역

으로 영국이 한 발짝 물러나면서 대구 전쟁은 마무리 되었고, 200해리 안에서 영국 어선은 최대 24척이 조업하는 수준으로 떨어지고 말았다. 이 때문에 연간 어획량이 3만 톤으로 줄어들자 영국에서는 1,500명의 어부들과 7,500명의 종사자가 일자리를 잃게 되는 사태까지 벌어졌다. 어쨌든 대구 전쟁은 EEZ(Exclusive Economic Zone, 배타적 경제수역)이 200해리로 정해지는 중요한 계기가 되었다.

1995년 캐나다와 스페인 간에 발생한 터봇(Turbot, 유럽산 가자미의 한 종류) 전쟁 역시 서로 수산자원을 확보하기 위해 벌어진 사건이다. 당시 캐나다의 뉴펀들랜드 동남쪽에 있는 세계 3대 어장의 하나인 그랜드뱅크스는 수산자원 고갈 문제로 몸살을 앓고 있었다. 이러한 상황에서 스페인 트롤 어선인 에스테이가 불법 어획에 나서자 캐나다 순찰선이 강제 호송을 시도했다. 이때 에스테이가 물대포를 쏘며 저항했고 캐나다 순찰선에서는 기관총으로 대응사격을 시도했다. 결국 선원들은 모두 연행되었고 국제

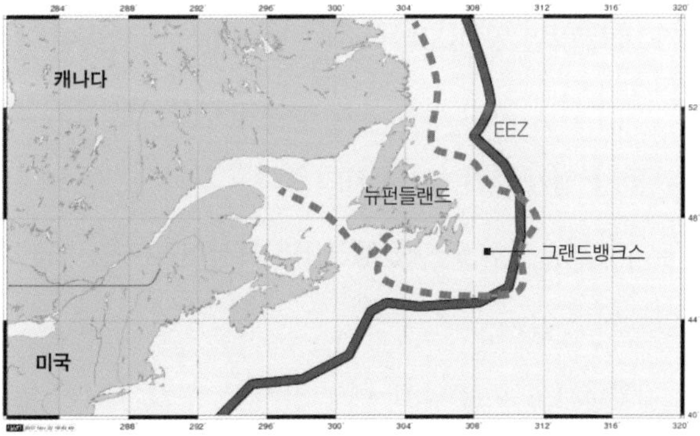

캐나다와 스페인의 터봇 전쟁이 벌어진
세계 3대 어장의 하나인 그랜드뱅크스 해역(파란색 점선)

사법재판이 이루어졌다.

하지만 스페인 정부는 자국 어민들의 편을 들었다. 그리고 선원과 어선, 심지어 어획물까지 본국으로 소환하라고 요청했다. 캐나다가 이를 완강히 거부하자 양국 관계가 험악해지기 시작했다. 스페인은 그랜드뱅크스에 전함 배치를 고려했고, 캐나다는 해군에 스페인 어선과 무력 충돌을 하면 실탄을 발포하라고 지시했다. 이런 살벌한 상황에서도 스페인 어선들은 아랑곳하지 않고 조업을 강행했다. 이렇듯 국제적인 어업 분쟁은 전쟁 못지않게 치열하다.

도시 어부

물고기를 잡기 위해 질주하는 것은 어부들뿐만이 아니다. 취미 낚시도 수산물 고갈을 향한 질주 대열에 합류하기 시작했다. 우리나라 취미 낚시 인구는 이제 700만 명을 훌쩍 넘는다. 어업 종사자 수가 대략 12만 명 정도이니 취미 낚시하는 사람들이 어부보다 60배 많다는 의미가 된다. 2018년 전국을 대상으로 실시한 어느 조사에서 낚시가 여가 활동 중 압도적인 1위를 차지했다고 하니, 그 인기가 어느 정도인지 실감할 수 있다. 성인 5명 중 평균 1명 이상이 낚시를 해본 경험이 있는 것으로 집계되고 있다.

TV에서도 프로 낚시, 예능 낚시 등 수많은 낚시 채널들이 도시 생활에 찌든 사람들을 바다로 보내고 있다. 갑갑한 회색 빌딩 숲을 떠나 넓고 푸른 바다에 낚싯대를 던지는 모습을 보면 누구나 마음이 설렌다. 심지어 직접 잡은 자연산 물고기를 회로 떠서 먹는 모습을 보면 곧바로 바다로 달려가고 싶어진다. 전문가가 아니어도 낚싯대와 미끼만 있으면 누구나 시작할 수 있다. 그렇다 보니 날이 갈수록 취미 낚시 인구가 늘어나고 있는 것이다. 어느새 한국은 세계 4위 낚시 나라가 되었다.

하지만 어부들 입장에서는, 물고기는 줄어드는데 물고기를 잡겠다는 사람들이 늘어나는 상황이니 취미 낚시가 좋게 보일 리 없다. 더군다나 취미 낚시를 하는 사람들은 어부들처럼 조업 금지 기간을 지키거나 금지 체장(물고기의 몸길이)을 고려하지 않아 더욱 많은 갈등과 분쟁이 벌어지고 있다. 심지어 취미 낚시로 잡힌 물고기는 공식 집계가 되지 않기 때문에 추정하기조차 어렵다.

최근에는 취미 낚시로 잡은 수산물을 시장에 파는 일까지 빈번히 일어나고 있어 문제가 더 심각해지고 있다. 한 보고서에 따르면, 2016년 낚시로 잡은 물고기가 약 11만 5000톤을 넘긴 것으로 집계되고 있는데 우리나라 전체 어획량의 12.5퍼센트에 이르는 양이다. 이런 상황이니 어부들이 그냥 지켜볼 수도 없는 노릇이 되었다.

전 세계 과학자들은 취미 낚시에 마구잡이로 잡히는 물고기 가운데 위기에 처한 어종이 전체의 4분의 1이 넘는다고 경고했다. 2005년 〈사이언스〉에 실린 한 연구에서는 인기 있는 물고기의 경우 60퍼센트가 취미 낚시로 잡힌다고 보고했다. 수산자원 회복을 위해 공식적으로 어업을 금지시키자 취미 낚시를 통해 편법적으로 유통시키는 것이다. 멕시코 연안에서 취미 낚시로 잡힌 물고기 중 64퍼센트가 마구잡이로 개체수가 얼마 남지 않은 물고기라고 한다. 취미 낚시도 수산자원 고갈에 책임이 있다는 의미이다.

물고기는 줄어드는데 취미 낚시인들이 늘어나니 아예 어업을 포기하고 배로 낚시하는 사람들을 안내하거나 체험 낚시로 돈을 버는 어부들이 등장했다. 생계를 위해 직업을 바꾼 것이다. 요즘 선착장에 가면 조업하는 어선보다 낚싯배가 더 많이 눈에 띈다. 최근에는 낚시 장비나 낚시 경험이 없는 초보자들도 배만 타면 낚시를 할 수 있고, 심지어 회까지 장만해 줄 정도로 서비스가 좋아졌다. 그렇다 보니 날이 갈수록 낚싯배를 이용하는 사람들이 꾸준히 늘어나고 있다. 2013년 낚싯배를 이용한 사람들이 약 200만 명 정도였는데 2016년에는 약 350만 명 가까이 늘어났다. 3년 만에 거의 두 배 수준으로 늘어난 것이다. 매출 규모도 2000억 원을 훌쩍 넘어섰다.

취미 낚시인들을 기다리는 오천항의 낚싯배

어부들도 단순한 용돈벌이가 아닌 직업으로 생각하고 있다. 낚싯배 1척당 평균 연 매출액이 5천만 원 정도이니 치열한 조업 쟁탈전에 참여하는 것보다 훨씬 안정적이다. 그렇다 보니 점점 낚싯배 운영으로 방향을 바꾸는 어부들이 늘고 있다. 조업하는 어선들은 날이 갈수록 숫자가 줄어들고 있는데 바다 낚싯배는 1997년 약 3,000척 정도에서 2016년 4만 5000척으로 무려 15배나 늘었다.

어찌 보면 위기에 빠진 어부들에게 좋은 대안으로 보일 수 있지만, 수산자원의 현실을 생각하면 전망이 그리 밝지만은 않다. 더 큰 문제는 수산자원 고갈에 대한 인식 수준조차 취미 정도로 가볍다는 점이다.

유럽이나 북미권에서는 취미 낚시에도 허가증을 발급한다. 취미 낚시인들이 허가증을 따는 과정에서 금지 체장이나 금어기 같은 자원관리 개념이나 환경보호와 안전에 관한 내용을 배운다. 그리고 이러한 규정을 잘 지켜야 수산자원이 보호되고 지속가능한 낚시를 즐길 수 있다는 것을 자연스럽게 인식한다.

하지만 우리나라에는 아직 이러한 제도가 마련되어 있지 않다. 금지 구역, 금어기, 금지 어종, 금지 체장에 대한 규정이나 어획량에 대한 제한도 없다. 그렇기 때문에 취미 낚시인들은 어린 물고기, 알밴 물고기를 가리지 않고 모두 잡아 버린다.

어군 탐지기, 위성 항법 시스템 같은 첨단장비를 장착한 낚싯배까지 등장하고 있다. 이런 배들은 물고기 서식지를 정확히 찾아내 어부들과 거의 경쟁하는 수준으로 조업하고 있다. 어부들은 취미 낚시인들이 수산자원을 싹쓸이하고 있다며 규제를 요구하고, 취미 낚시인들은 어부들이 싹쓸이 조업을 하고 있다고 규제를 요구한다. 어느 쪽이 되었든 어업으로 수산자원이 고갈되고 있는 것은 사실이다. 바다는 점점 텅 비어 가니 어부도 낚시꾼도 이제 세월만 낚는 강태공이 되어 간다.

03

바다의 무법자

IUU 어업

수산물이 고갈되어 값이 오르니 법과 규정을 어기는 어부들이 등장한다. 수산자원을 보호하기 위한 노력도 이들 앞에서는 무용지물이다. 해양 순찰대가 나서도 재빨리 줄행랑을 놓는다. 어떨 땐 무장을 하고 해양경찰에 맞서기도 한다. 해적 수준이다. 이런 어선들은 전 세계 바다를 넘나들며 어부와 해양생물의 삶을 짓밟는다.

국제사회에서 이러한 어업을 IUU 어업(Illegal Unreported and Unregulated fishing, 불법·비보고·비규제 어업)이라고 한다. 불법 어업이란 말 그대로 법을 지키지 않는 어업을 뜻한다. 한 국가의 영해에서는 자국 어선이든 외국 어선이든 조업 허가가 필요하고, 허가를 받았어도 금어기, 금지 체장, 금지

불법 어업을 벌이고 있는 선박에 해양경찰청이 조사를 벌이고 있다.

어종, 금지 어법 등을 수산자원을 관리하기 위한 법을 따라야 한다. 이를 어기고 조업을 강행한다면 불법 어업이 된다. 공해에서 조업하는 경우도 마찬가지다. 자원보존 관리에 관한 국제법을 지키지 않으면 불법 어업으로 여긴다.

비보고 어업은 조업할 때 어종이나 어획량 등 중요 정보를 보고하지 않거나 법이나 규정을 위반했는데도 자발적으로 신고하지 않는 경우를 의미한다. 비규제 어업은 공해 수산자원을 관리하는 지역수산관리기구(Regional Fisheries Management Organizations, RFMO)의 관할구역에서 비회원국 어선이나 무국적 어선이 규제를 어기는 것을 뜻한다. 또한 국가나 지역수산관리기구 관할구역 밖이라 해도 책임 있는 어업을 지키지 않으면 비규제 어업에 해당된다.

연간 전 세계 약 2500만 톤 이상의 수산자원이 IUU 어업으로 공급된다고 한다. FAO는 IUU 어업 규모가 전 세계 어획량의 약 30퍼센트를 차지한다고 추정하고 있다.

예를 들어 북해와 그랜드뱅크스의 대구 어장이 폐쇄된 후에도 불법으로 잡은 대구가 합법적인 방법으로 잡은 대구의 절반이 넘는다고 한다. 러시아 자연산 연어의 경우 60~90퍼센트가 불법 어획이라고 한다. 파타고니아 이빨고기(칠레농어, 메로)는 불법 어획된 것이 합법적으로 잡아 유통되는 것보다 5~10배가 많으며 가다랑어·눈다랑어·황다랑어 같은 참치류는 불법 어업으로 거래되는 금액이 연간 5억 달러의 규모에 이른다고 한다. 아시아에서도 2003년 기준으로 18퍼센트 어획 손실이 있었고 1970년대에 비해 약 30퍼센트가량 어획 자원이 줄어든 것으로 나타났다. 이를 경제적으로 환산하면 약 100~200억 달러의 가치에 이른다.

1999년 FAO 수산위원회는 IUU 어업에 대해 본격적인 논의를 벌인 후 2001년 3월에 IPOA-IUU(International Plan of Action to Prevent, Deter and Eliminate Illegal, Unreported And Unregulated fishing: IUU 어업을 예방·방지·근절하기 위한 국제행동계획)를 채택했다. 이후 각 국가와 지역수산관리기구를 통해 IUU 어업에 대한 엄격한 관리와 통제가 이루어지고 있다.

넓은 바다를 일일이 다 감시하기란 쉽지 않은 일이다. 이에 따라 불법 어업이 발생할 경우 소속 국가를 불법 어업국으로 지정하여 불이익을 받도록 정했다. IUU 어업국으로 지정되면 공해에서 조업하는 것은 물론 수산물 수출입에도 까다로운 규제가 적용된다.

한국은 예비 불법 어업국?

2011년 남극 로스해에서 파타고니아 이빨고기를 조업하던 한국 어선이 규정보다 4배 가까이 어획을 했으나 보고도 하지 않았고, 심지어 가공하고 남은 물고기 찌꺼기를 바다에 그대로 버리다가 적발되었다. 이 어선에는 이빨고기 어획 증명(tagging) 의무 위반, 어획량 허위 보고, 해양쓰레기 투기 등의 혐의가 적용되었다.

같은 해에 서아프리카 라이베리아 수역에서 조업하던 참치 어선들이 2010~2012년 동안 어업 허가권을 위조하고 공문서까지 위조한 사실이 밝혀지면서 유럽연합과 미국은 2013년 한국을 예비 IUU 어업국으로 지정해 버렸다. 당시 무려 15개 어업회사, 30여 척의 어선에서 해양보존관리 위반, 무허가 조업, 금지 구역 및 금어기 위반, 위조문서 등 수많은 불법 행위를 저지른 것으로 밝혀졌다. 서아프리카뿐만 아니라 다른 원양어업에서도 감시를 위해 승선한 옵서버에 대한 업무 방해와 언어 폭력을 저지른 사건이 폭로되었고, 조업감시센터 부재와 선박 모니터링 시스템(Vessel Monitoring System, VMS) 미설치 등 불법 어업에 대한 한국 정부의 낮은 인식과 부실한 조치가 드러나자 국제사회에서 맹비난이 쏟아졌다.

우리나라가 IUU 어업국으로 지정되자 정부는 불명예를 회복하기 위해 「원양산업발전법」 개정을 추진하고, 불법 어업 감시를 위해 동해어업관리단에 조업감시센터(Fisheries Monitoring Center, FMC)를 설치했다. 비정부기구와 민간 수산전문가들을 실무단으로 초청하여 국제적 이슈에 대응

알아 보기

국제옵서버(National fisheries observer program)란?

어선에서 국제 어업 기준을 잘 지키고 있는지 감시·감독하거나 과학조사를 하는 전문 조사원이다. 국제수산기구나 해당 국가에서 옵서버를 지정하며, 책임 있는 어업 준수를 위해 옵서버 승선을 의무화하고 있다. 2020년 6월 기준으로 한국에는 55명이 선발되어 활동 중이다.

주요 업무

1. 어획통계 조사, 생물학적 조사, 조업실태 등 조사
2. 어선별 할당량 소진 상황 조사(쿼터 조업선에 한함)
3. 어업 자원량 평가를 위한 과학적 자료 및 시료 수집
4. 관할수역의 국제수산기구에서 마련한 어업별 자원 보존 조치 준수 여부 조사

옵서버의 조사 활동

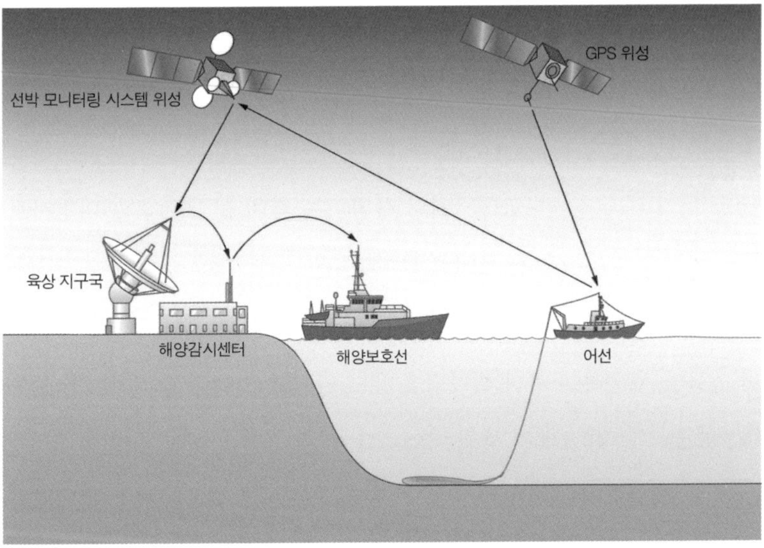

불법 어업을 감시하기 위한 선박 모니터링 시스템 개요도

했다. 그 결과 약 2년 뒤인 2015년 미국과 유럽연합은 우리나라를 IUU 어업 가담국, 예비 IUU 어업국 지정에서 해제했다. 하지만 2019년 또다시 미국으로부터 예비 IUU 어업국으로 지정되는 수치스러운 일을 겪게 되었다. 우리나라 원양선박 2척이 2017년 남극수역 어장 폐쇄 통보에도 아랑곳하지 않고 2~3일이나 더 조업하다가 적발된 것이다.

특히 불법 어업과 불법 어업으로 잡은 어획물에 대한 한국 정부의 제재 조치와 절차가 여전히 미흡하다는 것이 가장 큰 이유였다. 정부는 과징금 신설과 처벌 등을 강화하기 위해 관련 기준과 절차를 「원양산업발전법」 개정에 신속히 반영했고, 앞으로 불법 어업이 재발하지 않도록 최선을 다하겠다고 거듭 약속한 결과 2020년 1월, 약 4개월 만에 지정에서 해제되었다.

고대구리와 뺑치기

고대구리와 뺑치기는 국내 불법 어획의 대명사로 불릴 정도로 악명이 높은 조업 방식이다.

고대구리는 일본말로, 총톤수 20톤 미만의 소형 어선이 그물코가 촘촘한 그물을 사용하여 바다 밑바닥을 끌고 다니면서 어린 물고기까지 무차별적으로 잡는 대표적인 불법 어업이다. 일제 강점기 때 남해안에서 불법으로 조업하던 일본 저인망어업이 광복 이후 우리나라 어업에 퍼지면서 쓰인 용어이다.

불법 개조로 전개판을 장치한 고대구리 어선

주로 경상남도와 전라도 연·근해에서 가자미, 넙치, 아귀, 새우, 문어, 낙지 등을 잡는 데 고대구리가 많이 쓰였다. 예전에는 작은 어선과 소수의 인원으로 많은 물고기를 잡을 수 있었기에 어촌의 주요 소득원이었지만 이중 삼중으로 된 그물망과 촘촘한 그물코, 최대한 그물을 많이 벌릴 수 있게 전개판까지 장치한 불법 개조로 인근 해양생태계가 급속도로 황폐화되었다. 결국 2004년 불법 어업으로 규정되어 어업 보상과 함께 모두 퇴출되었다. 그런데 지금도 고대구리 조업이 암암리에 이루어지고 있어 어업관리단에서 수시로 단속을 벌이고 있다.

뻥치기는 납추나 돌멩이로 수면을 강타해 그 소리로 물고기를 혼란스럽게 하여 유인하는 어업 방식이다. 우리나라에서는 전통 어법으로 여겨 불법 어업 같은 단속 대상에서는 벗어난다. 하지만 기동성이 뛰어난 소형 뺑치기 어선들이 이리저리 돌아다니며 해안가의 물고기들을 싹쓸이하자 취미 낚시인, 연안 어업민들과 심각한 갈등을 겪고 있다. 특히 기계를 사용해서 지속적으로 수면을 내리치는 방식으로 어구를 불법 개조한 어선들이 나타나고 있어 문제가 더욱 심각하다. 이러한 방식으로 계속 조업을 하면 큰 소음이 발생해 해양생물들을 불안하게 하여 생식과 산란에 악영향을 미친다.

최근 수산자원의 고갈과 치열한 조업 경쟁으로 자금 압박을 겪고 있는 선주 입장에서는 이러한 불법 어업이 달콤할 수밖에 없다. 그래서 선장이나 선원들에게 불법 어업을 하라고 요구하는 경우가 많다고 한다. 선장이나 선원들도 한 번 조업에 나가면 많게는 1000만 원에 가까운 수입과 포상금까지 챙길 수 있으니 유혹이 클 수밖에 없다. 이에 따라 휴어기나 금어기에 다른 어선들이 없을 때 어선을 개조해서 불법 어업을 감행하는 것이다.

이렇게 불법 어업이 성행하면 원칙대로 조업하는 어부들이 고스란히 그 피해를 떠안는다. 그 피해를 막기 위해 어업관리단의 순찰선과 지자체 소속 지도선들이 이러한 불법 어업을 단속하고 있다. 하지만 불법 어업을 단속하기에는 인원이 턱없이 부족하다. 그럼에도 2011년부터 2017년까지 근해어업에서 연평균 150건 이상 불법 어업이 단속되었다. 그 가운데 근해 채낚기어업(긴 줄에 미끼가 없는 낚싯바늘을 1개 또는 여러 개 달아 물고기를 채어 낚는 어업)이 30건 이상으로 가장 많았다.

연안어업에서도 연평균 400건 넘게 단속되었다. 그중 자망어업이 35

퍼센트 정도로 가장 높은 비중을 차지했다. 각 지역별로 어종은 다르지만 단속된 이유가 비슷했다. 동해안에서 대게와 홍게 불법 어획이 많았다. 암컷과 새끼를 잡아서 유통하는 것이 불법 어업의 주요 목적이었다. 남해안에서도 붕장어·갈치·참조기·조피볼락 등의 알밴 어미 물고기와 어린 물고기 어획 및 유통, 서해안에서도 무허가 어선과 불법 어구 사용을 포함한 알밴 어미 물고기와 어린 물고기 어획 등이 주요 단속 내용이다. 현행법상 불법 어업을 하다가 두 번 적발되면 면허가 취소된다.

우리 앞바다에서 불법 어획을 시도하는 중국 어선들도 골칫거리다. 2019년 국정감사에 따르면, 최근 5년 간 나포된 중국 불법 어선은 969척에 이른다. 구속된 중국 선원만 270명인데 체포 과정에서 우리 해양경찰 경비정 2척이 침몰하고 8명의 사상자가 발생했다.

2018년 발표된 세계 불법어업지수(IUU Fishing Index)에 따르면 중국은 3.93점(5점 만점)으로 최악의 불법 어업국으로 낙인되었다. 수많은 중국 불법 어선들이 세계 곳곳을 돌아다니며 자원을 고갈시키고 있는 것이다. 특히 오징어의 경우 어획량의 50~70퍼센트를 자국이 아닌 다른 나라 영해나 공해에서 조업한 것으로 밝혀졌다.

2018년 기준으로 북한 수역에서 조업 중인 중국 어선은 2,304척으로 파악되고 있다. 2004년 북한과 공동어로협약 체결 후 매년 7월부터 쌍끌이 기선 저인망어선으로 동해의 바닥을 긁으며 어린 오징어와 다른 저서생물까지 싹쓸이한다. 특히 최근 북한의 유엔 제재로 다른 나라 선박들의 조업이 불가능해지자 중국 어선들이 2년간 몰래 들어와 불법 어업으로

최악의 불법 어업국 중국의 쌍끌이 어선을 단속하고 있는 해양경찰청

벌어들인 금액만 5조 2000억 원이라고 밝혀졌다. 국제비정부기구 글로벌 어업 감시에서 인공위성 분석으로 확인한 내용에 따르면, 북한 수역에서 조업하는 중국 불법 선박은 총 1,600척이 넘는다고 한다. 이 때문에 북한의 영세한 어민들은 더 먼바다로 밀려났다고 한다.

서해의 꽃게 황금어장인 연평도도 같은 신세이다. 중국 어선들이 북방한계선을 왔다 갔다 하며 지능적으로 불법 어획을 하고 있다. 순찰선이 나타나면 북한 수역으로 도망쳐 버려 이를 뿌리 뽑기가 보통 어려운 일이 아니다. 이 일대 어장은 벌써 황폐해졌고 꽃게 자원은 반토막 난 지 오래다.

일본, 말레이시아, 인도네시아, 인도 같은 아시아 나라들도 중국 불법 어선으로 몸살을 앓고 있다. 심지어 이란, 남아프리카공화국, 아르헨티나와 같이 먼 나라들 앞바다에도 중국 어선들이 나타나 외교적 마찰을 빚고 있다.

눈에는 눈, 이에는 이

인도네시아 전 해양수산부장관 수시 푸지아투티(Susi Pudjiastuti)는 강경한 태도로 불법 어선을 뿌리 뽑은 영웅으로 칭송받고 있다. 2014년 10월 취임 시 불법 어선을 나포하고 폭파시켜 가라앉히는 정책을 과감하게 도입했다. 특히 중국 불법 어선에 대해서는 경고성 메시지로 폭파 장면을 생중계로 방송에 내보내기까지 했다. 이러한 행위는 중국을 포함한 주변국들과의 외교 마찰로 번졌지만 취임 후 3년 만에 불

◀인도네시아 전 해양수산부 장관 수시 푸지아투티

수시 푸지아푸티 장관의 정책에 따라 폭파되고 있는 중국 불법 어선

법 어획은 90퍼센트 이하로 급감했다.

또 효과적으로 단속하기 위해 구글과 제휴하여 인공지능 시스템도 도입했다. 인도네시아 영해에서 조업하는 수천 척의 선박 위치 정보를 인공위성을 통해 파악한 후 실시간으로 전송하면 정부에서 자국 레이더 선박 추적 시스템의 정보와 대조하여 불법 어선을 찾아냈다. 이러한 방식으로 약 500척의 불법 어선이 해군과 정부에 의해 나포되어 침몰되었다. 덕분에 인도네시아 어획량은 80퍼센트 가까이 다시 늘어났다.

04

위기의 어업

극한직업

남획과 불법 어획으로 파괴되어 가도 바다는 여전히 거칠다. 물고기가 있든 없든 어부들은 늘 위험에 노출되어 있다. 출렁이는 배, 좁은 갑판에서 계속 힘을 써야 하고 위험한 장비와 기계도 반복적으로 사용해야 한다. 투망과 양망을 거듭할 때마다 사고가 빈번히 일어나기에 어부들은 늘 긴장할 수밖에 없다.

어업은 다른 산업에 비해서 재해율이 매우 높다. 현재 어업의 재해율은 5.56퍼센트로 사람들이 위험하다고 생각하는 광업(1.25%)이나 건설업(0.72%)보다 훨씬 높은 수준이다. 사망률도 2011~2015년 동안 계속 증가했다. 특히 30세 미만인 청년층 어업 재해율이 무려 16퍼센트로 어업인

산업별 재해 현황
(2014~2015년 기준, 자료 : 한국해양수산개발원 KMI)

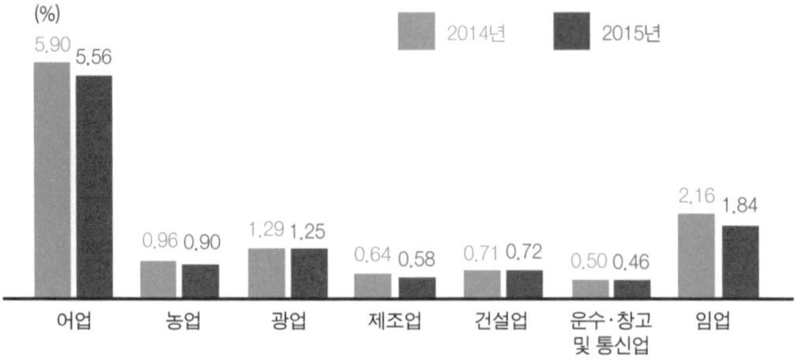

산업별 재해 현황으로 본 어업 재해율 수준이 상당히 높은 것으로 나타났다.

전체의 약 3배에 이른다. 그렇다 보니 젊은 사람들은 더욱 어업을 기피한다. 부족한 일손은 외국인으로 채우고 있지만 의사소통의 불편함과 업무 미숙 등으로 사고가 잇달아 일어난다. 결국 외국인 어업 재해율이 9퍼센트가 되어 버렸다.

어업은 숙련되기까지 시간이 많이 걸리는 직업이다. 심지어 어업 방식에 따라 익혀야 할 숙련 기술이 다르기 때문에 그야말로 3D(Difficult Dirty Dangerous, 어렵고 지저분하고 위험한) 업종이다.

예를 들어 갈치 채낚기어선에서는 어부들이 무거운 추를 단 낚싯줄을 최대한 멀리 던져야 한다. 초보자들은 숙련되기 전까지 수시로 낚싯줄에 손가락이 베이고, 낚여 올라오는 갈치 이빨에 손을 다치는 등의 고통스러운 과정을 견뎌야 한다. 통발어선에서는 미끼 작업이 관건이다. 투망과 양망이 계속되는 가운데 미끼를 재빨리 통발에 넣어야 한다. 저인망은 그물이 무거워 양망할 때 힘쓰는 요령이 필요하다. 모든 어업에서 투망할 때는 긴장의 시간이다. 행여 누군가 밧줄에 다리가 걸려 바다에 딸려 가지 않는지 선장까지 조타실 밖으로 목을 내밀고 꼼꼼히 확인한다. 이러한 상황을 5년 동안 견디면 비로소 숙련자 대우를 받는다. 하지만 악천후를 만나면 그야말로 최악의 상황을 견뎌야 한다. 심지어 침몰의 위기를 맞게 될 수도 있다.

이렇듯 혹독하고 위험한 작업환경 속에서도 묵묵히 조업하던 어부들은 사라지는 물고기 앞에서는 견딜 재간이 없다. 애써 끌어올린 통발은 텅텅 비어 있고 그물에는 물고기 대신 쓰레기와 해파리가 가득 올라온다. 이렇게 몇 번 허탕 치면 인건비와 연료비도 감당할 수 없다. 현실이 이렇다 보니 1967년 100만 명이 넘던 어업 종사자 수는 2016년 기준으로 약 12만 명으로 감소했다. 거의 10분의 1로 줄어든 것이다. 게다가 남은 어부들의 절반이 60대 이상 고령자였다.

어선 어업인의 사고 유형
(자료: '어작업자 건강위해요소 측정 및 어업인 질환 현황 조사' 보고서)

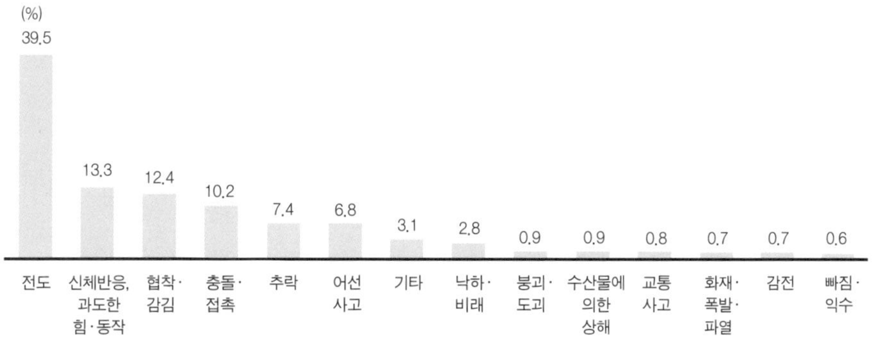

이는 연·근해어업에서만 벌어지는 현상이 아니다. 원양어업도 지금 한국인 선원보다 외국인 선원이 더 많다. 외국인 선원은 많아지는데 고령의 한국인 선원들은 이러한 흐름을 받아들일 수 있는 의식 수준이 되지 않아 여러 가지 갈등이 많아졌다. 최근 뉴질랜드 수역에서 한국 어선의 인권 유린과 노동 착취가 문제된 적이 있었다. 폭력에 견디다 못한 외국인 선원들이 탈주하여 신고한 것이다. 반대로, 불만이 높아진 외국인 선원들이 반란을 일으키고 어선에 불을 지르는 사건도 있었다. 심지어 외국인 선원이 사망한 채로 발견되기도 했다.

어업은 어느새 극한직업이라는 TV 프로그램의 단골손님이 되었다.

쇠퇴하는 원양산업

한국 원양산업의 역사는 1957년 6월 29일 지남호의 출항으로 시작되었다. 지남호는 미국에서 사용하던 230톤급 시험조사선을 개조한 것으로 '남쪽으로 나아가'라는 이름에 걸맞게 인도양에서 참치 조업을 시도한 첫 원양어선이다. 대양을 개척하겠다는 원양산업의 포부는 당시 한국전쟁으로 상처 받은 우리 국민들에게 큰 용기와 희망을 심어 주었다.

출항 50일째 처음으로 어획에 성공한 것이 청새치였고, 마침 그날이 광복절이라 특별히 대통령에게 보내어 기쁨을 나누었다고 한다. 이때부터 참치 어업을 포함한 한국 원양산업이 본격적으로 발전하기 시작했다.

지남호 한 척뿐이었던 원양 어선은 1970년대 850척까지 늘어났고 선원도 2만 명을 훌쩍 넘어섰다. 아프리카 라스팔마스 등 세계 28곳에 기지가 설치될 정도로 산업 규모가 확장되었다. 1960~1970년대에는 한국 수출산업의 상징이 되었다. 1971년 원양산업 수출 금액은 5500만 달러가 넘었는데, 이 금액은 당시 한국의 총 수출 금액의 5퍼센트를 넘는 규모였다. 수출에서 5퍼센트 비중은 지금과 비교하면 휴대폰(6%), 자동차 부품(5%)과 비슷한 수준의 산업이라 할 수 있다. 당시 외화를 확보하기 위해 궁여지책으로 독일에 파견한 광부와 간호사들이 벌어들인 총수입보다 6배나 많은 수준이었으니 원양산업이 우리나라에서 차지한 위상이 얼마나 대단했는지 알 수 있다. 이러한 원양산업의 발전 덕분에 1980년대 이후로 우리나라 국민들은 참치와 오징어, 꽁치, 명태 같은 원양산 수산물을 부담 없이 즐기게 되었다.

1957년 원양어선이 처음으로 어획한 청새치를 당시 이승만 대통령에게 전달했다.

그렇게 영원할 것 같았던 원양산업에도 서서히 어두운 그림자가 드리워지기 시작했다. 원양어선이 조업할 수 있는 공해가 연안국들의 배타적 경제수역 200해리 지정으로 좁아진 상태에서 1980년대부터는 중국, 대만, 태국 등 후발 주자들과 치열한 조업 경쟁을 벌여야 했다. 수산자원은 마구잡이 어획으로 급격히 줄어들었고 지역수산관리기구는 지속적으로 어획 할당량을 줄여 나갔다. 1990년 거의 100만 톤에 이르렀던 생산량은 이제 반토막 나 버렸고 원양업체들의 재정 상태는 갈수록 나빠지고 있다.

배타적 경제수역 지정으로 황금어장을 차지한 나라들은 자국의 수산자원 보존을 이유로 타국의 원양어선에 높은 입어료를 요구하고 있다. 최근에는 공해에서도 조업을 금지하는 해양보호구역을 설치해야 한다는 논의가 확대되고 있어 이 사업에 대한 불확실성이 더욱 높아지고 있다.

2002년 131곳이던 원양업체는 2015년에는 67곳, 반으로 줄었다. 그 많던 원양어선도 2018년에는 255척밖에 남지 않았다. 원양어선을 타는 선원도 50대 이상이 절반을 넘는다. 원양산업도 어업의 위기에서 예외가 아니다.

원양어선 척수 변화 추이(자료: 한국해양수산개발원)

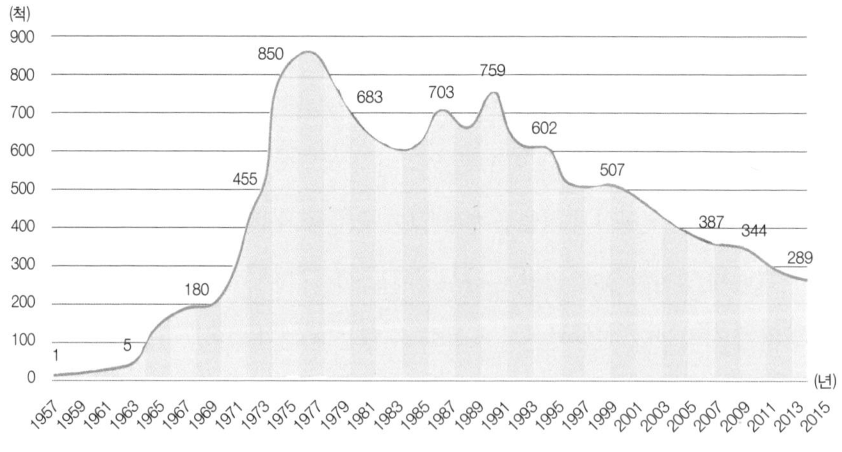

양식장이 대안인가?

자연산 수산물이 줄어들고 인기 어종인 참치, 연어, 농어 같은 대형 물고기의 가격이 천정부지로 오르자 사람들은 양식으로 눈을 돌리기 시작했다. 일본에서는 1970년대부터 참다랑어 양식을 시작했고, 1990년대부터는 호주와 멕시코에서도 양식을 시도했다. 지금은 세계 각국에서 어린 참다랑어를 사로잡아 양식을 시도하고 있다. 2015년 기준으로 세계 참다랑어 양식 생산량은 거의 4만 톤에 이른다. 양식 참다랑어가 고급 레스토랑으로 공급된다면 양식 연어는 대형마트의 수산물 판매대를 점령하고 있다.

2016년 기준으로 세계 수산물 총생산량은 약 1억 7천만 톤으로 이 가운데 양식 수산물 생산량이 절반 가까운 비중을 차지하고 있다.

세계 수산물 생산량(자료: FAO, 2018년)

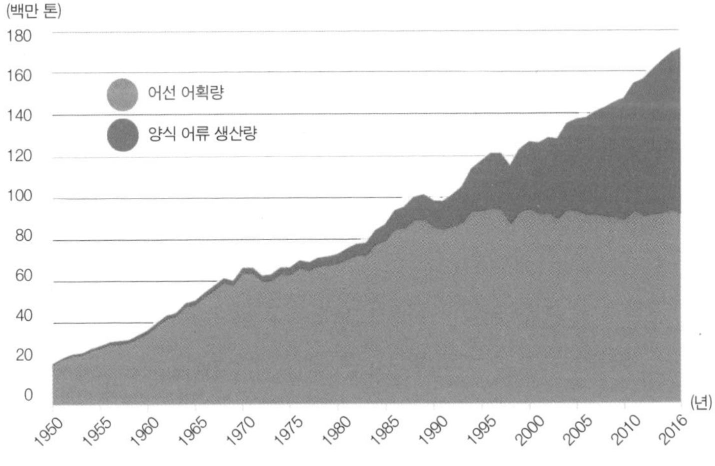

우럭 양식장

곡물 등을 원료로 해서 만든 배합사료

우리나라도 대세에 맞게 양식 생산량이 급격하게 늘어나고 있다. 횟집의 간판 어종인 광어(넙치)와 우럭(조피볼락)도 대부분 양식산이다. 양식장은 육지에 수조를 만들어 키우는 육상 양식과 바다에 가두리 그물을 쳐서 키우는 바다 양식으로 나누어진다. 하지만 두 방식 모두 좁은 공간에서 최대한 많은 물고기를 키우다 보니 여러 가지 문제가 발생하고 있다.

특히 사료에 대한 문제가 심각한데, 대부분의 양식장에서 소형 어류나 어린 물고기를 갈아서 만든 생사료를 사용하고 있다. 마구잡이로 수산자원 고갈이 심각한데도 생산 단가를 맞추기 위해 출처조차 알 수 없는 싼 원료로 생사료를 만들고 있는 것이다. 정부에서는 곡물 등을 원료로 한 배합사료 사용을 권장하고 있지만 사료 효율성 등을 문제로 생사료 사용량은 계속 늘고 있다.

2012년 이후 6년 동안 양식 어류 생산량은 10톤 늘어났고, 이 물고기를 키우기 위한 생사료는 51톤 넘게 늘어났다고 한다. 물고기 한 마리를 키우기 위해 그 무게의 5배가 넘는 사료를 사용했다는 뜻이다. 노르웨이에서 4.5킬로그램 크기의 연어 한 마리를 키우려면 7킬로그램의 작은 물고기들이 필요하다고 한다. 멸치·까나리 같은 소형 어류는 전 세계 어족 자원의 3분의 1을 차지한다. 이러한 물고기들은 식물플랑크톤을 섭취하고 대구, 연어, 참치, 돌고래 등의 먹이가 되는 해양생태계에서 매우 중요한 먹이사슬을 구성한다. 하지만 이 물고기들 중 겨우 10퍼센트 정도만이 식용에 쓰이고 나머지 90퍼센트는 생사료가 된다.

우리나라 양식장에는 주로 어린 물고기를 생사료로 쓴다. 고등어(고도리), 갈치(풀치), 참조기(깡치) 같은 귀한 어종의 어린 물고기들이 우럭과 광어의 한 끼 식사로 사용되고 있다. 광어 1킬로그램을 양식하는 데 약 5.5킬로그램의 생사료가 필요하다. 이 말은 곧 광어 3마리를 키우려면 어린 물고기 500마리를 먹여야 한다는 뜻이다. 바다에는 물고기 씨가 마른다고 아우성인데 정작 더 커야 할 어린 물고기들은 생사료나 미끼 등으로 사용되고 있는 실정이다. 생사료 사용은 결국 물고기를 죽여서 물고기를 키우는 방식이라 할 수 있다.

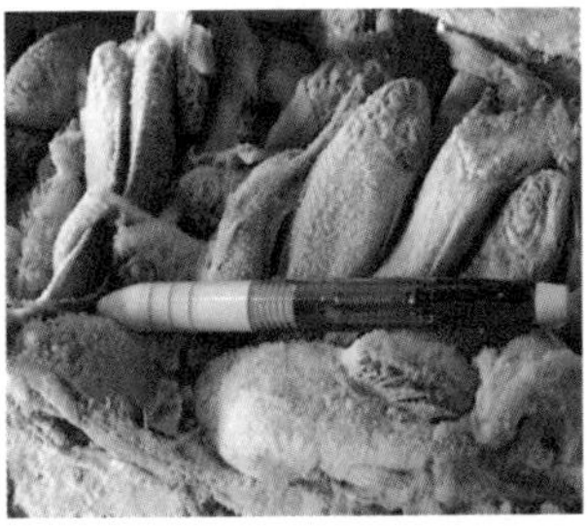

생사료로 쓰이는 볼펜보다도 작은 어린 참조기

생사료는 수질 오염의 주원인이기도 하다. 대부분의 생사료가 물고기 입에 들어가지 않고 바닥으로 가라앉는데 좁은 만에 형성된 바다 양식장에는 해수의 흐름이 원활하지 않아 자정작용 또한 원활하게 일어나지 않는다. 이에 따라 온도가 올라가면 용존산소가 적어서 생기는 빈산소괴가 나타난다. 빈산소괴가 퍼지면 물고기들은 산소 부족으로 떼죽음을 당하게 된다.

육상 양식장도 수질 문제에서 자유로울 수 없다. 양식장의 폐수에는 물고기들의 각종 질병 예방에 사용한 약물과 사료 찌꺼기 등이 섞여 있다. 이 폐수를 그대로 바다에 흘려보낸다면 주변 환경과 생태계에 좋은 영향을 줄 리 없다. 주변 바다의 오염된 해수는 다시 육상 양식장에 사용하기 위해 끌어들인다. 뿐만 아니라 물고기의 병을 일으키는 바이러스나 세균이 항생제에 대한 면역이 강해짐에 따라 약물 사용을 점점 늘리고 있는 추세이다. 갑작스러운 수온 상승, 지속적인 수질 악화 등 여러 가지 원인으로 물고기들이 집단 폐사하는 일도 잦아졌다.

양식 어류의 탈출도 생태계 교란에 큰 위협이 되고 있다. 이미 배스, 블루길 같은 외래종 물고기가 우리 고유의 생태계를 파괴한 지 오래다. 처음 도입할 때 상업적인 목적만 생각하고 환경영향에 대해 충분한 고려를 하지 않아서 생긴 문제이다.

양식 어류가 야생에서 번식하거나 자연산과의 교배를 통해 유전적으로 변이를 일으키는 것도 문제이지만, 기생충에 감염되는 것도 심각한 문제이다. 완두콩만 한 크기의 바다물이(Sea lice)는 양식 연어의 살갗에서 피를 뽑아먹는 기생충으로 연어에 치명적이다. 암컷 바다물이 한 마리는 7개월 동안 살면서 약 2만 2000개의 알을 낳는다. 그 알에서 깨어난 유충들로 양식장이 초토화된다.

그런데 더 큰 문제는 이 바다물이가 자연산 연어로 옮겨 간다는 것이다. 연어 하면 가장 먼저 떠오르는 모습은 산란기 때 거친 물줄기를 힘차게 뛰어올라 강을 거슬러 오르는 장면이다. 이렇듯 연어가 물속에서 공중으로 뛰어오르는 이유는 무엇일까? 최근 연구에 따르면, 연어는 온몸에 붙어 있는 바다물이를 떼어 내려고 물 밖으로 세차게 뛰어올라 온몸을 훑어 낸다는 것이다. 이렇듯 연어가 뛰어오르는 것은 생존을 위한 처절한 몸짓이라 할 수 있다. 애석하게도 최근 캐나다 서부 해안에 서식하는 자연산 연어의 80퍼센트가 바다물이에 몰살되기도 했다. 자연산 연어가 줄어드니 포식자인 범고래, 곰, 독수리도 줄줄이 피해를 입었다.

바다물이에 감염된 알밴 어미 연어

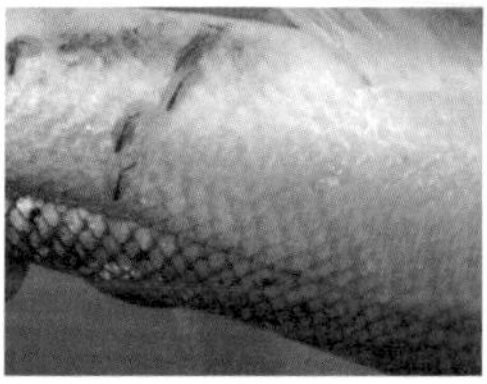

바다물이에 감염된 연어 표본

이런 이유로 세계 각국에서 양식 어류가 양식장 밖으로 탈출하는 부분에 대해 엄격히 규제하고 있다. 노르웨이에서는 양식 연어의 탈출을 막기 위해 자발적으로 11겹의 복합어망을 사용하고 있고, 캐나다에서는 자연산 연어에 미치는 영향을 최소화하기 위해 정책적으로 관리 방안을 마련하고 있다.

그 외에도 양식장이 주변 생태계에 어떤 위험성이 있는지 파악하기 위해 과학적으로 분석하고 주기적으로 환경영향평가를 실시한다. 스코틀랜드에서는 양식장을 불시에 방문하여 문제가 발견되면 양식장을 폐쇄할 정도로 강도 높은 규제를 적용하고 있다. 칠레에서도 월별 항생제 사용량을 의무적으로 보고해야 하고, 이를 지키지 않으면 해당 양식장에 형사처벌을 내리기도 한다. 하지만 이렇게 철저히 관리하는데도 양식에 따른 예측 불가능한 문제점들이 세계 곳곳에서 터져 나오고 있다.

우리나라에서는 양식장 탈출 어류에 관한 규정이나 정책이 아직 마련되어 있지 않다. 오히려 가두리 양식장의 터진 그물이나 육상 양식장 배출구에서 빠져나온 양식 물고기를 기다리는 낚시꾼들이 있을 정도로 경각심이 낮다.

양식업의 수익성도 그리 밝지만은 않다. 돈이 되니 우후죽순으로 늘어난 양식장들 때문에 공급량이 넘쳐나고 단가 하락으로 이어졌다. 더군다나 우럭과 광어는 수입산 연어에 밀려 횟집에서도 점점 인기가 떨어지고 있는 추세이다.

수산업의 전성시대는 이제 막을 내렸다. 마구잡이와 불법 어획이 휩쓴

뒤에는 텅 빈 바다만 남았다. 남은 황금어장도 치열한 조업 경쟁으로 고갈을 눈앞에 두고 있다. 수익 악화로 문을 닫는 어업회사들이 늘고 있고, 젊은 사람들은 어업에 종사하는 것을 기피한다. 고령화가 심해져 외국인 선원들로 빈자리를 채우지만 어업 재해율은 줄어들지 않는다. 이것이 끝이 아니다. 어업으로 파괴된 바다에 해양쓰레기와 기후변화라는 불청객까지 찾아왔다.

2부

부서지는 바다

01

혼획의 희생양들

날로 심각해지는 혼획

멸치잡이 어부가 있다. 멸치를 잡으려고 그물을 쳤는데 의도치 않게 새우와 꽃게 그리고 다른 물고기들이 멸치와 함께 잡혀 올라온다. 이렇게 원래 잡으려던 목표 어종 외에 새우나 꽃게처럼 섞여서 잡히는 것을 혼획(混獲, bycatch)이라고 한다. 어부들은 혼획된 물고기를 잡어 취급하며 한쪽 구석에 쌓아두거나 가끔 몸값 귀한 생선일지라도 횡재라고 생각할 뿐 큰 의미를 두지 않는다. 이렇듯 혼획이 해양생태계를 위협할 수준으로 심각해지고 있다는 사실은 잘 모른다.

FAO의 최근 보고서에 따르면, 전 세계 어획량 중 40퍼센트가 혼획으로 밝혀졌다. 이 가운데 25퍼센트는 다시 바다에 버려진다고 한다. 최대

전 세계 어획량 가운데 40퍼센트가 혼획으로, 고래와 상어가 희생되고 있다.

의 희생양은 바다거북, 돌고래를 비롯한 고래류, 상어류, 가오리, 바닷새이다. 이들 대부분은 낚싯바늘이나 그물에 걸려 죽는다. 행여 살아서 다시 풀려나도 이미 상처 입고 쇠약해진 상태라 생존율이 매우 떨어진다.

세계자연기금(World Wild Fund For Nature, WWF) 보고서에 따르면, 1990~2008년 동안 약 8만 5000마리의 바다거북이 혼획된 것으로 파악되었다. 또한 한해 평균 30만 마리의 고래와 330만 마리의 상어가 혼획으로 죽임을 당하고 있다. 이처럼 20년간 귀상어의 89퍼센트, 환도상어와 백상아리는 각각 80퍼센트가 희생되었다.

우리나라에도 고래 혼획이 심각한 문제로 나타나고 있다. 2011~2017년 동안 고래 혼획을 조사한 연구에 따르면, 연안에서 혼획된 고래가 무려 1만 2000마리 가까이였다. 특히 범고래, 돌고래, 상괭이 같은 이빨고래류가 1만 마리 이상 혼획되었다. 가장 많이 희생된 고래는 상괭이다. 이 기간

멸종위기종(취약)에 속하는
우리나라 토종 돌고래 상괭이

동안 무려 8,291마리가 혼획된 것으로 집계되어 전체의 70퍼센트 가까이 차지하고 있다. 2005~2011년에는 약 3만 6000마리 정도였던 것으로 추정되던 상괭이가 이제 1만 3000마리 정도만 남았다. 개체수가 불과 6~7년 사이에 거의 3분의 1로 줄어든 것이다.

알아보기

상괭이는 뽀얀 살결과 장난기 가득한 귀여운 얼굴이 돋보이는 쇠돌고래과에 속하는 작은 돌고래이다. 여느 돌고래류와 달리 등지느러미가 없고 머리가 둥글다. 페르시아에서 일본까지 아시아에만 분포하지만 중국 중남부를 중심으로 동쪽과 서쪽에 사는 종의 특징이 살짝 다르다. 우리나라 서해안이 최대 서식지인 '토종 돌고래'이기도 하다.

하지만 혼획으로 급격하게 개체수가 줄어들어서 이제는 국제 멸종위기종으로 등재되었다. 상괭이 외에 참돌고래, 낫돌고래, 밍크고래처럼 우리 연안에 살고 있는 고래도 혼획으로 고통받고 있다. 2011~2017년에 조사된 자료에 따르면, 참돌고래는 약 3,000마리, 밍크고래는 약 550마리, 낫돌고래는 380마리나 혼획되었다.

죽음의 덫과 탈출구

상괭이는 안강망 어구에서 80퍼센트 넘게 혼획되고 있다. 안강망은 조수간만의 차가 큰 서해에서 많이 사용되는데, 입구를 벌려 놓은 큰 그물을 닻으로 고정시켜 놓고 조류를 따라 이동하는 물고기를 잡는 어업 방식이다. 4~6월 새우와 멸치를 잡기 위해 주로 수심 80미터 이내에 설치하는데, 이 위치는 상괭이가 활동하는 수심이라 혼획이 많은 것이다. 더군다나 새우와 멸치는 상괭이가 좋아하는 먹이로, 그물 입구인 줄 모르고 먹이를 따라 들어왔다가 세찬 조류와 끝이 좁아진 그물에 걸려서 익사한다. 동해에 서식하는 참돌고래의 경우도 마찬가지다. 참돌고래가 자망이나 정치망에 걸리는 비율도 80퍼센트나 된다고 한다.

최근 국립수산과학원에서 상괭이 탈출 장치를 연구했다. 기존에 만들어 놓은 해파리 방지용 그물을 개량한 것으로, 물고기는 통과할 수 있지만 상괭이는 못 들어오게 큰 망으로 마개를 만들었다. 혹시 상괭이가 들어오더라도 중간에 빠져나갈 수 있게 탈출구도 마련했다.

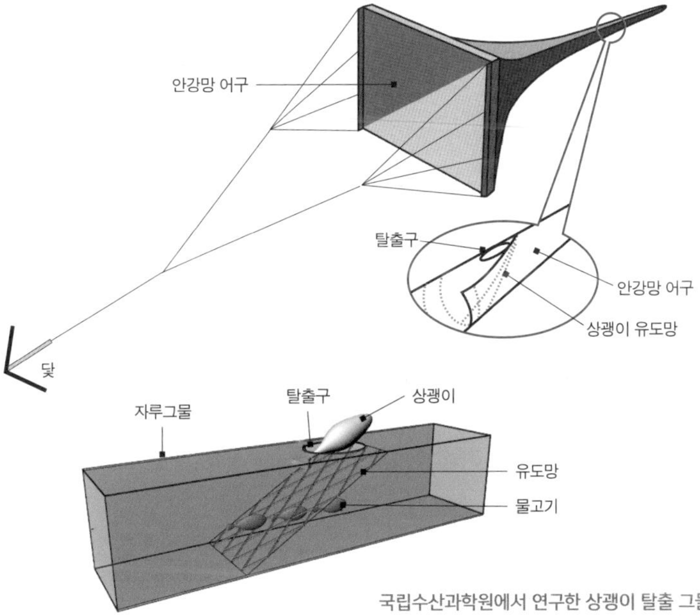

국립수산과학원에서 연구한 상괭이 탈출 그물 장치

탈출 장치가 있는 그물에서 벗어나는 바다거북

이런 탈출 장치는 혼획을 막는 데 매우 중요한 역할을 한다. 2011년 인도의 한 바닷가에서 멸종위기종인 올리브 리들리 바다거북 150마리가 모두 한 그물 걸려 죽은 채 발견된 것도 그 앞바다에서 조업하던 대형 트롤어선이 바다거북 TED(Turtle Excluding Devices, 바다거북 탈출 장치)를 사용하지 않았기 때문으로 밝혀졌다.

이런 식으로 혼획을 막지 않으면 해양생태계가 심각하게 파괴된다는 사실을 인지한 나라들은 정책적으로 혼획을 막기 위해 노력하고 있다. 예를 들어 미국은 새우 어장이 있는 남서부 연안에서 조업하는 모든 새우 트롤어선에 TED 사용을 의무화했다. 또한 미국에 새우를 수출하는 나라에도 TED를 어업에 적용하고 있는지 확인하고 있다. 새우잡이에 쓰이는 촘촘한 그물망의 혼획 피해를 최대한 방지하기 위한 정부 차원의 예방 조치인 셈이다. 노르웨이에서는 1990년부터 어린 물고기를 효과적으로 탈출시킬 수 있는 금속제 탈출 장치(Sorting Grid Panel)를 개발하여 사용하고 있다.

안강망에 설치된 금속제 탈출 장치

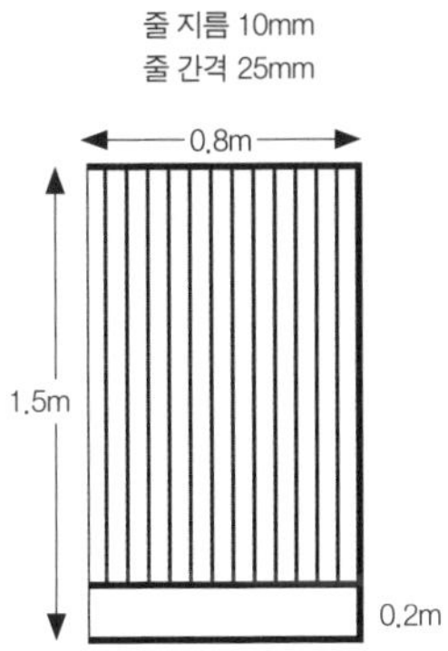

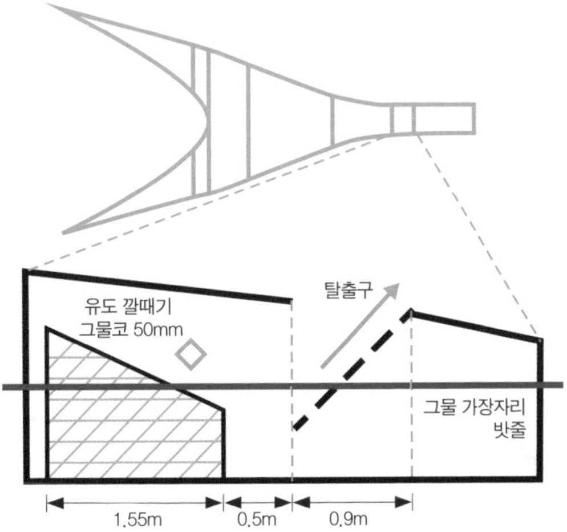

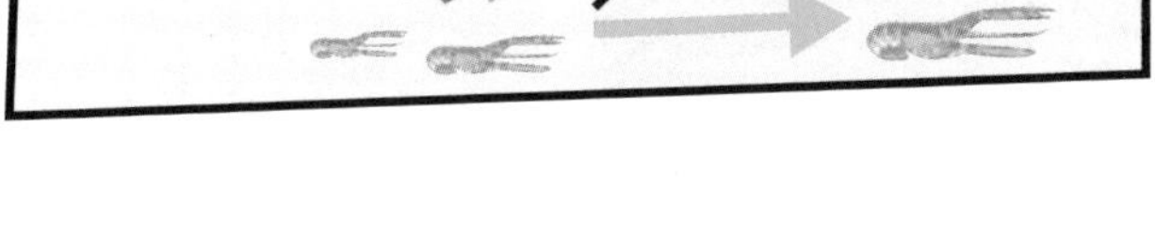

상어 지느러미 요리

샥스핀(Shark's fin) 요리는 상어 지느러미를 말린 것이 주재료인 중국 3대 진미 중 하나다. 샥스핀을 얻기 위해 멸종위기종인 상어를 일부러 혼획하는 경우가 많다. 더 심각한 문제는 상어를 산 채로 잡아 지느러미만 떼어내고 다시 바다에 버린다는 점이다. 상어의 몸통은 상대적으로 가치가 낮고 공간을 많이 차지하는데다 혼획물 신고까지 해야 되니 이런 일들이 벌어지는 것이다. 지느러미가 없는 상어는 헤엄을 칠 수 없어 그대로 바닥에 가라앉아 죽음을 맞이한다. 해마다 크고 작은 상어 1억 마리가 상업적 목적으로 죽어 가고 있다.

최근 이 문제에 대해 경각심을 높이는 나라들이 많아지고 있다. 캐나다를 비롯한 여러 나라에서 상어 지느러미를 잘라낸 후 몸통을 바다에 버리는 행위를 금지하는 법안이 통과되었으며, 샥스핀의 수출입을 금지하고 어획되거나 혼획된 상어는 반드시 보고하도록 하고 있다. 하지만 여전히 샥스핀 요리를 선호하는 나라들로 인해 수요가 계속 이어지고 있다. 특히 청상아리의 지느러미가 가장 귀한 대접을 받는데 1킬로그램에 1000만 원이 넘는 가격으로 거래된다. 결국 청상아리는 지나친 어획으로

불법 행위로 회수된 말린 상어 지느러미

불과 30년 만에 멸종위기종이 되어 버렸고, 지중해에서는 이제 거의 볼 수 없다. 대서양, 태평양, 인도양에서도 급속도로 개체수가 줄어들고 있다.

2019년 6월 스위스 제네바에서 열린 CITES(Convention on International Trade in Endangered Species of Wild Flora and Fauna, 멸종위기에 처한 야생동식물종의 국제거래에 관한 협약) 회의에서 청상아리를 비롯한 18종의 상어와 가오리에 대한 보호를 강화하자는 제안이 논의되었다. 이 어종들을 포획할 경우, 앞으로는 멸종위기 가능성이 없다는 것을 입증해야만 거래할 수 있게 규정을 만들자는 제안이었지만 샥스핀 원조국인 중국과 샥스핀 최대 수입국인

알아보기

CITES는 IUCN(International Union for Conservation of Nature, 국제자연보호연맹) 회원 협의가 1973년 3월 3일 워싱턴에서 열렸고, 이때 결의안이 채택되어 입안되었다. 이에 따라 '워싱턴 협약'이라고도 한다. 이 조약의 목적은 야생동식물종의 국제적인 거래가 동식물의 생존을 위협하지 않게끔 하고 여러 보호 단계를 적용하여 3만 3000 생물종의 보호를 보장하는 데 있다.
우리나라에도 CITES종, 멸종위기종 등 80개 종을 해양보호생물로 지정하고 있다(2019년 현재).

포유류(16종): 귀신고래, 남방큰돌고래, 대왕고래, 보리고래, 북방긴수염고래, 브라이드고래, 상괭이, 참고래, 향고래, 혹등고래, 고리무늬물범, 띠무늬물범, 점박이물범, 물개, 바다사자, 큰바다사자

무척추동물(34종): 갯게, 남방방게, 눈콩게, 달랑게, 두이빨사각게, 붉은발말똥게, 흰발농게, 의염통성게, 기수갈고둥, 나팔고둥, 대추귀고둥, 금빛나팔돌산호, 둔한진총산호, 망상맵시산호, 미립이분지돌산호, 별혹산호, 깃산호, 유착나무돌산호, 잔가지나무돌산호, 착생깃산호, 측맵시산호, 검붉은수지맨드라미, 밤수지맨드라미, 연수지맨드라미, 자색수지맨드라미, 흰수지맨드라미, 긴가지해송, 망해송, 빛자루해송, 실해송, 해송, 선침거미불가사리, 유사벌레붙이말미잘, 흰이빨참갯지렁이

해조류/해초류(7종): 거머리말, 게바다말, 삼나무말, 새우말, 수거머리말, 왕거머리말, 포기거머리말

파충류(4종): 매부리바다거북, 붉은바다거북, 장수거북, 푸른바다거북

어류(5종): 고래상어, 홍살귀상어, 가시해마, 복해마, 점해마

조류(14종): 검은머리물떼새, 넓적부리도요, 노랑부리백로, 바다쇠오리, 바다오리, 바다제비, 뿔쇠오리, 쇠가마우지, 슴새, 아비, 알락꼬리마도요, 저어새, 청다리도요사촌, 흰수염바다오리

일본, 샥스핀 최대 생산국인 말레이시아 등 40개 나라는 반대표를 던졌고, 미국도 청상아리 보호와 관련하여 반대했다. 하지만 나머지 102개국의 찬성으로 결국 가결 처리되었다.

4억 년 전부터 살아온 상어는 매우 천천히 자라는 물고기이다. 상어의 평균 수명은 20~30년이며, 오래 사는 종인 곱상어나 고래상어는 70년 이상을 산다. 백상아리 중에서도 70년 이상 사는 개체도 종종 발견된다. 따라서 짝짓기를 할 수 있을 만큼 성장하려면 시간이 많이 걸린다. 청상아리의 경우 7~8세, 백상아리는 15세가 되어야 산란을 할 수 있다. 하지만 성장하기도 전에 다 잡혀 번식을 제대로 못 하고 있다. 이대로라면 앞으로 바다에서 상어가 다 사라져 버릴지도 모른다.

알아 보기

세상에서 가장 오래 사는 물고기 그린란드상어

그린란드상어는 평균 수명이 400세이다. 최근 북대서양 노르웨이 수역에서 거대한 상어가 잡혔는데 방사능 측정 연대 결과 512세였다고 한다.

그린란드상어는 북극해와 같이 차가운 바다에 서식한다. 수온이 낮아서 신진대사가 느려 천천히 움직인다. 성장도 매우 느린데 일 년에 겨우 0.5~1센티미터 정도 자란다. 짝짓기가 가능할 정도로 성장하려면 150년이 걸린다고 한다.

그린란드상어는 눈을 파먹는 기생충과 공생관계로도 유명한데, 깊고 어두운 바닷속에서 시각이 그다지 중요하지 않아 빛을 내는 기생충의 먹이로 눈을 내어 주어 시력을 서서히 잃는 대신 빛으로 먹이를 유인해서 생존한다.

이 그린란드상어도 남획 대상이 된 적이 있다. 제2차 세계대전 당시 그린란드상어의 간이 기계용 기름으로 유용하다는 소문이 퍼져 무자비하게 포획된 것이다. 다행히 전쟁 후에 포획 금지가 선언되어 그나마 극소수의 개체가 남아 있게 되었다.

세상에서 가장 오래 사는 물고기 그린란드상어

30 알바트로스의 슬픔

알바트로스는 날개를 편 몸길이가 3미터, 키는 1미터가 넘는 커다란 바닷새이다. 땅에서는 뒤뚱뒤뚱 걸어 사람들에게 바보새라고 놀림 받기도 하지만 하늘을 날면 그 어떤 새보다 가장 높고 멀리 날 수 있다. 알바트로스는 활공의 명수이다. 날개 한 번 퍼덕이지 않고 6일을 날 수 있다. 나그네알바트로스(Wandering Albatross)의 경우 비행을 익히고 나면 무려 10년 동안 착륙을 하지 않는다고 한다. 말 그대로 하늘에서 사는 것이다. 50세가 된 알바트로스가 비행한 거리는 최소 600만 킬로미터가 넘는다고 한다. 알바트로스가 땅에 내려올 때는 짝짓기를 할 때와 새끼를 돌볼 때이다. 2년마다 거의 알을 하나만 낳는데 암컷과 수컷이 번갈아 가며 지극정성으로 키운다. 새끼에게 먹이를 주기 위해 거의 1,600킬로미터를 비행한다고 한다.

이렇게 먹이를 구하러 나선 알바트로스들이 혼획으로 죽고 있다. 매년 16만 마리 이상의 알바트로스가 참치 연승어선에서 사용하는 낚싯바늘에 걸려 죽고, 매년 40만 마리 이상의 알바트로스가 자망에 걸려 죽는다. 용케 혼획은 피했어도 플라스틱을 먹이로 착각해서 먹다가 알바트로스 가족 모두 위장이 터져서 죽는 경우도 허다하다.

알바트로스뿐만 아니다. 부비새, 슴새, 큰부리바다오리, 바다제비 등 이미 바닷새 중 절반 이상이 이런 이유로 멸종위기를 맞고 있다.

최근 바닷새 혼획을 막기 위한 노력이 세계적으로 진행되고 있다. 호주

알바트로스는 짝짓기할 때나 새끼를 돌볼 때에만 땅에 내려온다.

바다에 떠다니는 플라스틱 쓰레기를 먹이로 생각한 어미가 새끼에게 게워 먹이고 있다.

내장에 플라스틱 쓰레기로 가득 찬 채 발견된 알바트로스 사체

에서는 주낙은 밤에만 던지게 하고 다양한 색상의 리본을 달아 바닷새의 접근을 막았다. 그 결과 한 해에 혼획으로 죽는 바닷새가 스무 마리 이하로 확 줄어들었다.

한국에서도 연승어선에서 사용하는 낚싯바늘에 바닷새가 걸리는 것을 막기 위해 노력하고 있다. 낚싯줄에 무게 추를 달아 빨리 바닷속으로 들어

가게 하는 것이다. 바닷새가 낚싯바늘에 걸려 있는 미끼를 낚아챌 시간을 주지 않기 위함이다.

스미스소니언협회에서는 수천 마리의 바닷새를 혼획에서 구하는 방법을 제시하고 이를 적용하도록 권고하고 있다.

〈그림 1〉의 연승어선의 경우 밝은 색 리본 등을 사용하면 조업할 때 배가 흔들리면서 리본도 함께 일렁거려 새의 접근을 막을 수 있다. 이에 따라 바닷새 혼획률을 최대 80~100퍼센트까지 줄일 수 있다고 한다.

〈그림 2〉의 트롤어선에도 그물을 지탱하는 두 개의 밧줄에 리본을 달아 새가 접근하지 못하게 위협할 수 있다. 심해 트롤어선의 경우에는 밧줄이 물속 깊이 들어가기 때문에 선미 부분에 리본을 달 수 있는 장치를 설치하는 것을 권장하고 있다.

〈그림 3〉의 자망어선은 바닷새뿐만 아니라 펭귄, 가마우지, 바다사자 등의 혼획도 심각하기 때문에 수면 위와 아래 모두 접근을 막아야 한다. 바닷새나 해양생물이 접근하지 못하도록 그물 색상을 눈에 확 띄는 것으로 사용하고 밤에도 해양생물들이 인지할 수 있게 조명을 켜 놓아 혼획을 최대한 줄일 수 있게 노력해야 한다.

이처럼 혼획을 줄이기 위한 방법은 얼마든지 있으며, 여기에는 우리의 관심과 노력이 필요하다.

바닷새를 혼획에서 구하는 방법

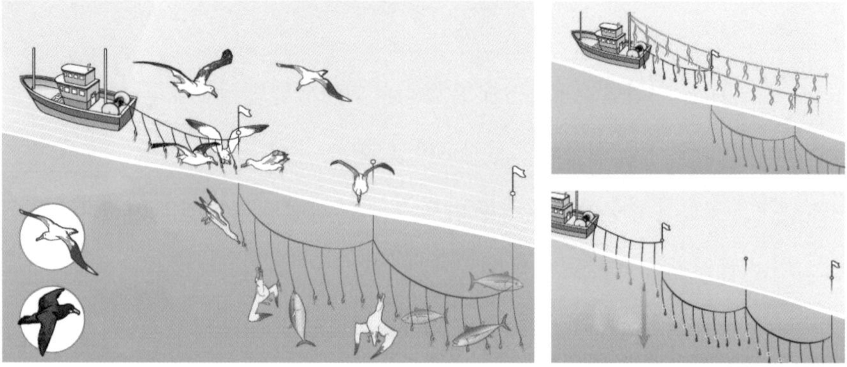

▲ 〈그림 1〉 연승어선

▲ 〈그림 2〉 트롤어선

▲ 〈그림 3〉 자망어선

02

지뢰밭 바다

유령 어업

캄캄한 바닷속 어선도, 어부도 없는데 그물에는 물고기가 계속 잡히고 있다. 그물에 살점이 뜯겨져 서서히 죽어 가는 물고기를 먹으려고 포식자들이 다가온다. 순간 그 포식자들도 그물에 얽혀 꼼짝달싹 못 하고 또 다른 포식자의 희생양이 된다. 마치 유령 어부가 죽음의 잔치를 벌이는 것처럼 괴기스러워 사람들은 이것을 유령 어업(ghost fishing)이라고 한다.

사실 그 유령의 정체는 버려진 그물이나 통발 같은 어구들이다. 버려져 바다 밑바닥으로 가라앉은 후에도 그 기능을 충실히 발휘하고 있는 것이다. 나일론으로 짠 유령 그물이 완전히 삭아 없어지는 데 500년이라는 시

바다에 버려진 그물은 암초나 난파선에 걸리기도 하지만,
해양생물이 걸려들기도 한다.
폐그물에 걸려든 물고기는 죽고, 썩어 가는 그 냄새에
몰려든 물고기들이 걸려드는 악순환이 이어진다.

간이 필요하다. 여기에 걸려 죽은 물고기들이 다른 물고기의 미끼가 되는 이 저주 같은 악순환은 그 오랜 세월 동안 끊임없이 계속된다.

그물이 삭아도 더 큰 문제가 벌어진다. 부식으로 가벼워진 그물이 바다 중간층을 떠다니게 되면 고래, 상어, 바다거북, 물개처럼 덩치 큰 해양생물에 큰 위협이 된다. 미국 정부 보고서에 따르면, 새끼 바다표범처럼 경험 없는 어린 동물일수록 더 쉽게 이런 유령 그물에 얽힌다.

호주의 해변에서 바다거북 290마리가 버려진 그물에 얽힌 채 발견되기도 했다. 심지어 스쿠버나 스노클링을 하는 사람도 이런 그물에 걸리는 위험한 상황에 처할 수 있다. 현재 전 세계 바다에 버려진 어구들이 무려 64만 톤이라고 한다. 이는 세계 해양오염의 10퍼센트를 차지하는 수준이다.

이렇게 가라앉은 폐어구들은 어·패류의 산란과 서식을 방해한다. 전문가들은 수산자원의 5~30퍼센트 감소 원인이 폐어구인 것으로 보고 있다. 최근 들어 이 폐어구 때문에 어부들도 여간 귀찮은 게 아니다. 바다에서 그물을 걷어 올릴 때 폐통발과 폐그물이 딸려 오는 일이 점점 잦아진다. 이것들을 제거하느라 시간과 에너지 소모가 만만치 않다. 심지어 프로펠

버려진 폐그물에 뒤엉킨 어린 바다표범과 바다거북

러에 감기기라도 하면 엔진이 망가지기 때문에 조난 위험도 생긴다. 결국 피해는 어부들에게 고스란히 돌아가고 있는 것이다.

우리나라 연·근해 폐어구 상황은 심각한 수준이다. 해양수산부에 따르면, 한 해 연·근해어업에서 발생하는 폐어구가 4만 4000톤에 이른다. 하지만 1만 1000톤 정도만 수거되고 나머지 3만 3000톤은 그대로 바다에 버려진다. 현재 20만 톤에 가까운 폐어구가 우리 앞바다에 가라앉아 있다. 폐어구로 인해 발생하는 피해가 전체 어획량의 10퍼센트 수준이며,

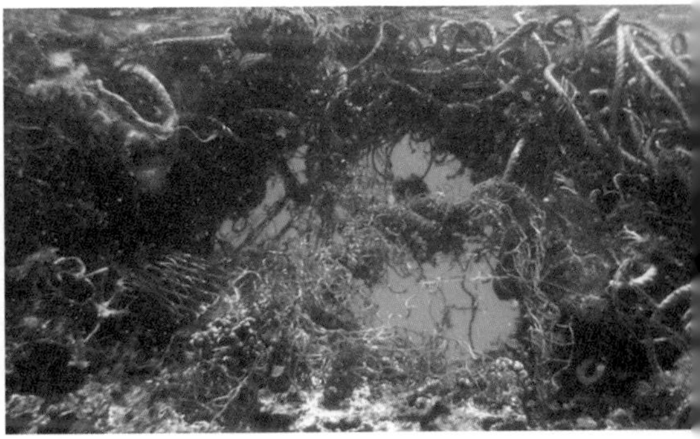
바다에 버려진 유령 그물

금액으로 환산하면 4000억 원대로 추정하고 있다. 그중 자망과 통발어업에서 발생하는 폐어구량이 문제인데 전체 폐어구의 85~93퍼센트를 차지하고 있다. 특히 자망어업이 전체 어업에서 60~75퍼센트 수준을 차지할 정도로 심각하다.

해양생태계에
악영향을 미치는 납추

또한 폐어망에 부착된 납추(납으로 만든 추)는 독성이 있어 심각한 환경오염을 일으킬 수 있다. 이러한 납추는 취미 낚시에도 봉돌(낚싯바늘이 물속에 가라앉도록 낚싯줄 끝에 매다는 작은 쇳덩이나 돌덩이)로 사용되고 있다. 낚싯줄이 끊어지면서 떨어져 나간 납추의 양이 연간 1만 톤이 넘는다고 한다. 납추 1톤이 일주일 동안 바닷물에 방치되면 납 100그램 정도가 녹는데 이 양은 바닷물의 7만 세제곱미터(7백만 리터) 정도를 오염시킨다. 특히 납은 민물보다 바닷물에서 8배 이상 빨리 녹아 해양생태계에 치명적인 악영향을 미칠 수 있다.

하지만 사람들은 이러한 문제를 아직 심각하게 받아들이지 않는다. 바닷속은 밖에서는 보이지 않기 때문에 현실적으로 와닿지 않는 것이다. 사실 폐어구 발생량과 유실량을 파악하는 것은 쉽지 않다. 넓고 깊은 바닷속에서 일어나는 일이기에 생태계에 미치는 영향이 어느 정도인지 알 수 있는 정보와 데이터를 확보하기가 어렵다. 정부에서도 관련 규정과 규제를 마련하기에는 이해관계자들과 여러 가지 갈등 상황이 벌어질 우려가 있어 대응 방안을 찾기가 쉽지 않다.

폐어구 문제는 이미 국가를 넘어 세계적인 차원에서 논의되고 있다. 예를 들면, 해상 운송에서 기술적·경제적 협력을 촉진하고, 해상에서의 안전 항행과 높은 능률을 확보하기 위하여 UN에 설치된 전문기관인 IMO(International Maritime Organization, 국제해사기구)는 1973년 MARPOL(The International Convention for Prevention of Marine Pollution For Ships, 국제해양오염방지협약)을 채택했다. IMO의 해양환경보호위원회는 2006년 FAO를 비롯한 관련 단체들과의 협의를 거쳐 MARPOL '부속서 5(Annex V)'에 폐어구 관련 문제를 집중적으로 다루었다. UNEP(UN Environment Programme, 유엔환경계획)에서도 폐어구 문제를 국제 해양쓰레기 계획에 포함시켰다. FAO 수산위원회에서는 책임 있는 어업을 위한 행동 규범(The Code of Conduct for Responsible Fisheries)에 폐어구와 해양쓰레기 문제를 제시하여 각 국가의 어업 관행을 바꾸도록 권장하고 있다.

지역 국가연합 차원으로는 APEC(Asia-Pacific Economic Cooperation, 아시아태평양경제협력기구)에서 폐어구 관련 문제점을 인식하고, 2007년 12월에 인도네시아 발리에서 열린 기후변화협약 당사국 총회에서 결정한 '발리행동계획(Bali Action Plan)' 협의를 통해 회수되지 않은 어구에 대한 해결 방안을 모색하고 있다.

EU 집행위원회에서도 지속가능한 어업의 실현을 위해 유령 어업 방지의 중요성을 제기하고 있다.

이처럼 폐어구 문제를 해결하기 위해 국경을 초월한 협력이 필요하다. 국제사회에서는 폐어구 발생 방지를 위해 책임 있는 어업을 할 것을 요청하고, 세계 각 정부에서 폐어구에 대한 환경영향조사와 수거를 할 수 있도록 권고하고 있다.

해양 플라스틱

2018년 2월 스페인 남부의 어느 해변에서 크기 10미터인 고래가 죽은 채로 발견되었다. 그런데 충격적인 것은 고래의 배 속에서 비닐봉지와 물병 같은 플라스틱 쓰레기가 30킬로그램 가까이 나온 것이다. 사망 원인도 플라스틱을 소화시키지 못해서 생긴 복막염으로 밝혀졌다. 같은 해 인도네시아 앞바다에서 죽은 향유고래 배 속에서도 플라스틱 쓰레기가 약 1,000개 나와 화제가 되었다. 이렇게 플라스틱 쓰레기로 죽는 해양포유류가 매년 10만 마리라고 한다. 바닷새는 한 해 평균 100만 마리가 같은 원인으로 죽는다.

플라스틱은 가볍고 튼튼하다. 탄성도 좋아 다양한 제품으로 쉽게 가공할 수 있다. 이렇게 다양한 장점에 생산단가까지 낮아 여러 분야에서 요긴하게 쓰인 탓에 일상에서 플라스틱으로 대체되는 제품들이 점점 많아지고 사용량도 점점 늘어났다. 2015년 한 해 생산된 플라스틱만 해도 3억 2000만 톤을 넘었다. 1950년대에 200만 톤 정도 생산되었는데 60~70년 만에 160배 이상 늘어난 것이다. 플라스틱 가격이 저렴하다 보니 쉽게 살 수 있는 만큼 쉽게 버린다. 생산이 많아지는 만큼 폐기되고 버려지는 플라스틱의 양도 기하급수적으로 늘어났다.

1950~2015년 동안에 생산된 플라스틱 양은 약 83억 톤으로 추정하고 있다. 이 가운데 25억 톤은 현재 계속 사용되고 있고, 폐기되어 소각된 것은 7억 톤, 재활용된 것은 5억 톤으로 집계되었다. 그렇다면 나머지 46억

한 해 평균 바닷새 100만 마리가 플라스틱 쓰레기로 죽어 간다.

톤은 어디로 갔을까? 대부분 다른 쓰레기와 함께 땅에 매립되었거나 방치되어 있다. 그리고 하천이나 강을 거쳐 바다로 흘러들었다. 현재 해양쓰레기의 약 90퍼센트가 플라스틱이라고 한다.

이런 식으로 바다로 흘러든 플라스틱 쓰레기는 매년 최대 1300만 톤에 이른다. 플라스틱이 분해되려면 약 500년이 걸리는데 인위적으로 제거하지 않으면 계속 바다에 둥둥 떠다닌다. 해양생물들은 이 플라스틱 쓰레기를 먹이로 착각한다. 바다에 녹아서 얇아진 비닐봉지는 마치 해파리처럼 바닷속을 떠다니는데, 해파리는 바다거북이 좋아하는 먹잇감이다. 죽은

해양쓰레기의 경각심을 보여 주기 위해 필리핀 그린피스가 전시한 고래 조형물

거북을 해부해 보면 비닐봉지가 많이 나온다. 심해에 사는 향유고래는 이런 쓰레기들을 오징어로 착각하고 삼킨다.

그물에 잡힌 돌고래의 90퍼센트가 배 속에서 플라스틱이 나왔다고 하니 상황이 얼마나 심각한지 알 수 있다. 이렇게 삼킨 플라스틱이나 비닐로 해양동물은 입, 소화관, 위벽 등에 상처를 입게 되고 결국 소화불량, 독성 문제 등으로 죽음을 맞는다.

육지에서 떠내려온 플라스틱 쓰레기들은 연안 바다를 떠다니다가 조류와 해류에 따라 먼바다로 이동한다. 그러다가 바람과 해류가 없는 지점에 모이는데 그렇게 쌓여서 만들어진 것이 GPGP(Great Pacific Garbage Patch, 태평양 거대 쓰레기 지대)라는 플라스틱 쓰레기섬이다. GPGP는 북태평양 하와이섬과 캘리포니아주 사이에 퍼져 있는데 넓이가 우리나라의 15배나 될 정도로 거대하다.

1997년 하와이에서 캘리포니아로 요트로 횡단하던 찰스 무어(Charles Moore) 선장은 GPGP를 발견했다. 태평양의 무풍지대에 갇히게 된 그는 환류를 따라 형성된 플라스틱 섬을 보는 순간 충격에 빠졌다. 그는 작은 플라스틱 조각으로 걸쭉해진 바다에 타이어, 부표, 그물 뭉치 같은 덩치 큰 쓰레기가 떠 있는 모습이 마치 건더기가 있는 수프 같다고 표현했다. 몇 주 후 그곳을 벗어나게 된 그는 캘리포니아에 도착하자마자 이 문제를 세상에 알리고 전 세계 전문가들과 함께 다시 돌아가 조사를 실시했다. 세상 사람들은 이런 사실에 경악을 금치 못했다. 그의 이야기를 소재로 하여

하와이섬과 캘리포니아주 사이에 형성된 태평양 거대 쓰레기 지대

마치 건더기가 있는 수프처럼 작은 플라스틱 조각으로 걸쭉한 플라스틱 쓰레기섬 GPGP

'플라스틱 감염병' 문제를 다룬 〈LA 타임스〉의 기사는 2007년 퓰리처상을 수상했다.

비영리 연구단체인 오션클린업재단(The Ocean Cleanup Foundation)은 세계 과학자들과의 협업으로 3년간 GPGP를 조사했다. 2018년에 발표한 연구 결과에 따르면, 섬에 있는 플라스틱 쓰레기 개수가 무려 1조 8000여 개이며, 무게는 8만 톤에 가까웠다. 또한 GPGP를 형성하고 있는 플라스틱의 종류를 파악하기 위해 소형(0.05~0.5cm), 중형(0.5~5cm), 대형(5~50cm), 초대형(50cm 이상) 4개의 크기로 분류했다. 이 분류에는 직접 눈으로 보아 확인되지 않는 미세플라스틱은 제외했다. 조사 결과, 가장 많은 비중을 차지하고 있는 초대형 플라스틱 쓰레기 4만 1000톤 중 절반 가까이가 어업과 양식장에서 사용된 폐어구인 것으로 밝혀졌다.

미세플라스틱의 역습

플라스틱 쓰레기는 해류를 따라 돌면서 태양열, 자외선 등에 점점 더 작은 조각으로 분해된다. 그리고 대부분은 5밀리미터 이하의 미세플라스틱이 된다. 바다에는 현재 대략 5조 개의 플라스틱 쓰레기가 있는 것으로 추정하는데 그중 90퍼센트 이상이 0.33~4.75밀리미터 크기의 미세플라스틱인 것으로 추정하고 있다. 어쩌면 상황은 추정치보다 더 심각할 것이다. 그 이유는 미세플라스틱은 아주 작고 넓게 흩어지기 때문에 조사가 힘들 뿐만 아니라 바닥에 가라앉아 있거나 해양생물 몸속에 들어가 있는 것은 파악조차 할 수 없기 때문이다.

이렇게 플라스틱이 분해되어 미세플라스틱이 되기도 하지만, 애초에 미세플라스틱 알갱이로 생산하는 경우도 있다. 곧 마이크로비즈(Microbeads)는 공업용 연마제를 비롯해 치약, 비누, 세안제 등의 생활용품과 화장품에 널리 사용되는 1차 미세플라스틱을 가리킨다. 마이크로비즈는 보통 사용한 후 물에 씻으면 알갱이가 그대로 배수구로 흘러가 최종적으로 하수처리장에 도달한다. 여기에 문제가 있다. 하수처리장에서 미세플라스틱이 완벽하게 걸러지지 않는다는 사실이다. 특히 합성섬유가 포함된 옷을 세탁할 때 분리된 초미세 합성섬유인 마이크로플라스틱 파이버(Microplastic fibers)는 하수도를 거쳐 바다로 흘러드는데, 현재 해양 플라스틱의 약 3분의 1을 차지하고 있을 만큼 심각한 수준이다.

하수처리장에서 빠져나온 초미세플라스틱은 강이나 바다로 흘러가는

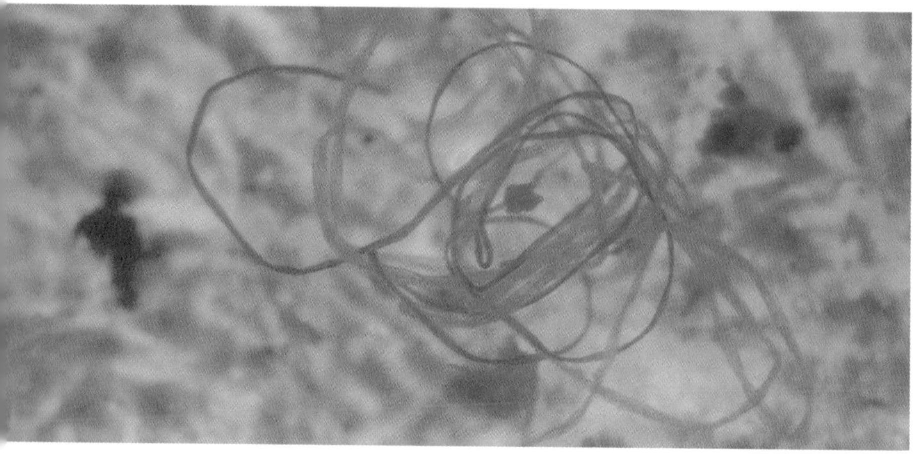

하수처리장에서 완벽하게 걸러지지 않고 바다로 흘러드는 초미세 합성섬유 마이크로플라스틱 파이버

데 플라스틱이 분해된 것과 같은 악영향을 바다에 끼친다. 미세플라스틱은 특히 해양생물의 세포에 농축되기 때문에 먹이사슬 전체에 영향을 미친다. 더군다나 플라스틱에서 발생하는 POPs(Persistent Organic Pollutants, 잔류성 오염물질), PBTs(Persistent, Bioaccumulative and Toxic substances, 잔류성, 생물 축적과 독성물질) 같은 화학물질은 생물 축적성이 높은 물질로, 지방에 쌓이게 되면 면역력과 생식 기능이 떨어진다. 심지어 몸속에 쌓여 있다가 새끼가 젖을 먹을 때 섞여 나올 정도로 잔류성이 높다. 만약 사람의 입으로 들어가면 각종 암을 비롯하여 장이 막히거나 성장이 늦어지는 등의 문제를 일으킬 수 있다고 한다.

최근에는 우리가 주로 먹는 생선, 새우, 굴 등에도 다량의 미세플라스틱이 검출되고 있다. 우리가 버린 쓰레기가 다시 우리 식탁으로 올라오는 셈이다. 인간은 생태계 먹이사슬에서 최상위 포식자이다. 그렇기 때문에 미세플라스틱에 가장 큰 위협을 받는 존재가 될 것이다.

2017년 말레이시아의 한 보건연구팀이 8개국의 소금 제품 17가지를 조사했는데 단 한 제품을 제외한 나머지 소금에서 1킬로그램당 1~10개, 평균 515±171마이크로미터(1μm는 100만분의 1미터로 0.001밀리미터에 해당) 크기의 미세플라스틱이 나왔다고 밝혔다. 비록 소량이긴 하지만 최근 우리나라 수돗물에도 플라스틱 조각이 검출되었다고 하니 그리 놀랄 만한 일도 아니다. 문제는 이런 일이 아프리카의 저개발국을 포함해 아메리카, 유럽, 아시아 등 전 세계에 걸쳐 벌어지고 있다는 점이다.

알아 보기

마이크로비즈 규제

미국에서 2015년 「마이크로비즈 청정 해역 법안The Microbead-Free Waters Act」이 통과되었다. 이는 미국에서 마이크로비즈가 함유된 세정제품의 판매와 유통을 금지하는 법안이다. 현재 영국, 캐나다, 호주, 네덜란드, 스웨덴, 대만 등에서도 마이크로비즈 규제 법안 도입을 논의하고 있다. 우리나라에서도 「화장품 안전기준 등에 관한 규정」에 일부 개정안을 마련하여, 2017년부터 화장품에 미세플라스틱 사용을 금지하고 있다. 또한 「의약외품 품목허가·신고·심사 규정」을 일부 개정하여 의약외품 분야에 미세플라스틱 사용을 제한하고 있다. 그러나 가정용 세정제, 세탁용 세제, 청소용 연마제, 해양 스티로폼 등 그 외 산업에서는 여전히 미세플라스틱 발생 방지 정책이 미흡한 실정이다.

치약과 화장품, 세탁용 세제 등에 2017년부터 마이크로비즈 사용이 금지되었다.

우리는 플라스틱 사용에 대해 진심으로 경각심을 높여야 한다. 우리나라는 부끄럽게도 1인당 연간 플라스틱 소비량이 매우 높아 포장 문화가 발달한 미국이나 일본보다 훨씬 많다. 지금은 정부 규제와 환경문제에 관한 인식이 높아져 많이 줄어들었을 것이라 예상하지만, 이미 많은 플라스틱 쓰레기가 배출되었고 그 많은 양이 바다로 떠내려갔을 것으로 추정된다.

한국해양과학기술원은 우리나라 바다의 미세플라스틱 오염 수준을 파악하기 위해 2012~2014년에 걸쳐 조사를 실시했다. 그 결과 동해나 서해보다 남해가 가장 심각했는데 경남 진해만은 세계 평균보다 3배, 거제 지역은 무려 12배가 높은 것으로 나타났다. 이렇듯 남해가 미세플라스틱 오염도가 높은 이유는 스티로폼 부표가 원인인 것으로 밝혀졌다. 이곳 해변 18곳에서 발견된 미세플라스틱의 98퍼센트가 스티로폼 성분이었고, 주변 양식장에서 나온 것으로 파악되었다.

스티로폼 부표를 비롯한
온갖 바다 쓰레기로 뒤덮인 해변

해양수산부에 따르면, 2018년 기준으로 스티로폼 부표는 전국에서 약 5200만 개 사용되었고, 이 가운데 약 380만 개가 바닷물에 떠내려갔거나 못 쓰게 되어 버려졌다. 2016~2018년까지 경남 지역에서 수거된 스티로폼은 약 2만 톤 가까이였으며, 그중 거제와 고성에서 압도적으로 많은 양이 수거되고 있다.

사람의 손길이 닿지 않는 많은 섬 주변은 이미 해양쓰레기로 뒤덮이고 있다. 현재까지 플라스틱 오염도가 가장 높은 곳은 남태평양 산호섬인 헨더슨 섬이다. 조사 결과, 약 3800만 개에 이르고 무게는 약 18톤의 쓰레기 가운데 99.8퍼센트가 플라스틱이었다. 또 세계에서 가장 깊은 마리아나 해구의 밑바닥에서도 미세플라스틱이 검출되었다. 그곳에 서식하는 작은 생물들은 미세플라스틱 조각을 이미 먹고 있었던 것이다. 이렇듯 해양생물이 해양쓰레기 속에 플라스틱을 섭취하면 세포 합성이나 유전자에 악영향을 받게 된다.

다행히 최근 쓰레기를 재활용해서 제품을 만드는 재활용품 관련 기업이 늘어나고 있다. 버려진 티셔츠, 양말 등에서 뽑아낸 실로 새 양말과 옷으로 다시 만들고, 플라스틱 병에서 추출한 플라스틱 원사로 원단을 만들

해양쓰레기의 약 25퍼센트를 차지하는 폐그물을 녹여
스케이트보드, 가방, 모자 등의 제품으로 만드는 기업들이 늘어나고 있다.

기도 한다. 이 원단으로 가방 하나를 만들려면 생수병 16개 정도가 필요하다고 한다. 최근에는 재활용 원사를 3D 프린터에 사용하는 기술도 선보이고 있다. 해변에서 쓰레기를 거둬 들여 새로운 물건을 만드는 곳도 인기를 얻고 있다. 파라솔을 활용해 만든 가방과 모자는 독특한 디자인 덕분에 관광 기념품으로도 인기가 있다. 개발도상국에도 재활용 기업들이 활약하고 있다. 못 쓰는 그물이나 모기장으로 가방, 소품 등을 만들고 폐타이어로 신발 밑창을 만든다.

바다에 물고기보다 플라스틱이 더 많아지는 비극을 막으려면 쓰레기 배출을 최대한 줄이도록 소비 습관을 바꾸어야 하고, 재활용을 거쳐 다시 소비할 수 있게 모두가 함께 노력해야 한다.

03

기후변화

뜨거워지는 바다

수산자원의 고갈, 해양생태계의 파괴, 미세플라스틱 바다……. 지금까지 다룬 이 내용들만으로도 우리 바다의 미래는 그저 암담하게만 느껴진다. 하지만 더 큰 문제가 있다. 바로 바다가 뜨거워지고 있다는 사실이다. 국립수산과학원에 따르면, 2017년 연평균 우리 바다의 수온은 1968년과 비교하여 무려 섭씨 1.23도 올랐다. 이는 세계 평균 수온 상승률인 섭씨 0.48도와 비교하면 2.6배나 높은 수치로, 우리 바다는 세계에서 최고의 수온 상승률을 기록하고 있다. 기후변화로 시베리아 고기압과 계절풍이 약해지고 남쪽에서 올라오는 난류가 강해져 이제 겨울철에도 수온이 잘 내려가지 않는다.

지난 100년 동안 세계 기온은 무려 0.8도 상승했고, 1979년 이후부터 10년에 0.2도씩 오르고 있다. 우리나라는 기온은 무려 1.5도 높아졌다.

산업혁명 이후 우리는 계속 화석연료를 사용해 왔다. 이 화석연료가 연소될 때 나오는 온실가스(GHG: Green House Gas)의 증가량이 지구온난화를 더 가속시키고 있다. 6대 온실가스인 이산화탄소(CO_2), 메테인(메탄 CH_4), 아산화질소(N_2O), 수소불화탄소(HFC_s), 과불화탄소(PFC_s), 육불화황(SF_6) 등은 원래 방사능을 막고 지구 복사열이 우주로 빠져나가지 않게 흡수하는 중요한 기체이다. 그로 인해 온도가 일정하게 유지되는 온실효과가 발생한다. 특히 88퍼센트 이상을 차지하는 이산화탄소는 식물이 산소를 만들 때 필요한 광합성의 원료가 된다. 이처럼 온실가스는 갈수록 늘어나는 데 비해 이것을 흡수할 수 있는 산과 숲, 식물플랑크톤 등은 줄어들고 있어 온실효과를 넘어서 지구를 한증막으로 만들고 있는 것이다.

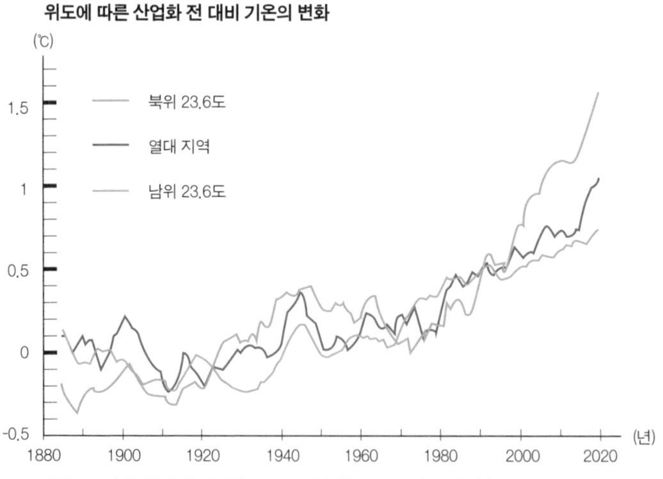

지난 100년 동안 세계 기온은 0.8도 상승했고, 우리나라의 기온은 무려 1.5도 높아졌다.

지구에 갇힌 복사열의 90퍼센트 이상은 바다로 흡수된다. 그런데 지구가 한증막이 되니 수온도 가파르게 상승하는 것이다. 수온이 올라가면 용존산소가 줄어들고 염분 농도가 높아져서 해양생물에 치명적인 영향을 미친다. 또한 공기 중의 이산화탄소 농도가 올라가면 바다에 흡수되는 양도 늘어나 해양 산성화가 일어난다. 이러한 현상은 조개, 산호, 성게와 같은 저서생물에게 필수적인 탄산염 광물을 형성하는 데 방해된다. 이미 세계 최대 산호초 지대인 호주의 대보초(Great Barrier Reef) 북쪽 지역 95퍼센트가 백화현상(바닷물 속에 녹아 있는 탄산칼슘이 어떤 원인에 따라 고체 상태로 나타나 흰색으로 보이는 현상)이 나타났다. 지구 산소 공급의 약 50퍼센트를 차지하는 식물플랑크톤도 지난 100여 년 동안 40퍼센트가 줄어들었고, 이제는 1년에 1퍼센트씩 바다에서 사라지고 있다.

산업화 전 대비 수온의 변화

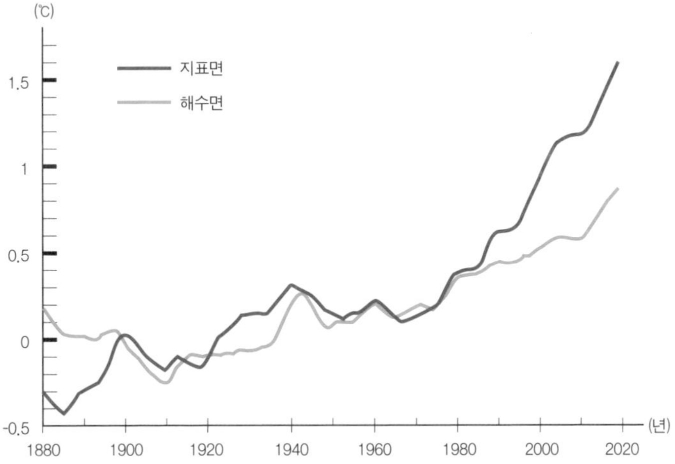

지구에 갇힌 복사열의 90퍼센트 이상이 바다로 흡수된다.

수온 상승이 계속되면 해양생물의 서식지가 바뀐다. 해양생태계 먹이사슬의 시작점 역할을 하는 식물플랑크톤이 사라짐에 따라 먹이가 풍부한 곳을 찾아 떠난다. 추운 지방에서 서식하는 생물들은 점점 더 극지로 이동하고, 회유성 어류는 이동경로를 바꾼다. 최근 대왕고래의 서식지가 남극 방향으로 500킬로미터 더 이동했다고 한다. 대왕고래가 주식으로 하는 크릴새우가 지구온난화로 줄어들었기 때문이다. 멀리 이동하지 못하는 해양생물은 최근 먹이 부족으로 개체수가 급격히 줄어들고 있다.

기후변화로 인해 우리 앞바다에도 열대나 아열대 바다에 사는 해양생물들이 출몰한다. 고래상어는 동해에서 발견되고 참다랑어는 제주도 앞바다까지 올라왔다. 치명적인 맹독을 지닌 파란고리문어는 제주도에서 발견되더니 거제, 기장, 울산을 찍고 계속 위로 올라오고 있다. 제주도 부근에만 있던 산호초는 남해에서 동해로 확산되고 있다. 동해는 이제 홍상어, 철갑둥어, 청새치, 꼬리줄나비고기 같은 아열대 물고기의 서식지가 되었다.

수온 상승은 물고기의 산란 시기와 산란 장소를 바꾸는 것은 물론이고, 물고기도 성별도 바꿔 버린다. 40여 종의 물고기가 염색체가 아니라 수온에 따라 암수가 결정되기 때문이다. 수온이 올라가면 DNA 메틸화(유전자 형질 발현을 조절하는 화학적 변형 중 하나)가 진행되어 수컷 호르몬을 암컷 호르몬으로 바꾸는 효소가 억제된다. 알에서 부화한 어린 물고기를 20일 동안

3~4도 정도 높은 수온에 두면 수컷 비율이 80퍼센트까지 늘어난다고 한다. 바닷물 온도가 1.5도 오르면 암컷과 수컷의 균형이 심각한 수준으로 깨질 수 있다.

심지어 어류의 몸집까지 작아지고 있다. 한 연구에 따르면, 지난 40여 년 동안 어류의 몸집이 30~50퍼센트나 줄었다. 심지어 박테리아와 플랑크톤의 크기도 작아지고 있다. 이는 수온 상승으로 용존산소가 부족하고, 먹이를 구하는 것이 쉽지 않아 큰 몸집의 어류일수록 생존확률이 낮기 때문에 일어난 자연적인 선택이다. 또한 마구잡이도 물고기 크기를 줄인 주원인이다. 큰 물고기가 상대적으로 포획될 가능성이 높아 스스로 작게 진화하는 것이다. 어른 물고기가 되는 시기도 점점 짧아지고 있다. 생존 가능성이 낮아지자 번식 시기를 최대한 앞당기는 것이다.

해양생태계를 이루던 다양한 생물들이 사라진 바다에는 적조를 일으키는 일부 와편모조류나 해파리 같은 유해생물들이 빈자리를 채우고 있다.

적조 현상이 광범위하게 퍼진 바다

기후변화로 인해 어업도 총체적 위기에 빠졌다. 어부들은 조업을 나가도 물고기가 어디로 이동하는지 예측할 수 없다. 예전과 달리 같은 바다에서 잡히는 어종도 바뀌었다. 양식장에서는 수시로 집단 폐사가 일어난다. 우리의 밥상도 마비성 패류독(진주담치나 굴, 바지락, 피조개, 가리비 등과 같은 이매패류가 유독 플랑크톤을 먹이로 섭취해 패류의 체내에 축적되는 플랑크톤의 독)이나 생선 체내에 축적된 수은 등으로 위협받고 있다. 결국 생태계 먹이사슬 최종 단계인 인간에게 그 피해가 집중되는 것이다.

수온 상승은 자연재해에도 영향을 미친다. 바다에 수증기가 많아지니 태풍이나 허리케인으로 인한 재해가 잦아진다. 경로도 점점 예측 불가능해질 뿐만 아니라 강도도 훨씬 더 세진다. 무엇보다도 극지방의 얼음이 녹고 있다는 사실이다. 이는 바다에 대량의 담수가 유입되는 원인이 되는데 이때 해류의 순환에 치명적인 영향을 미친다. 북극은 이미 산업혁명 이전보다 기온이 섭씨 4도나 높아졌다. 빙하의 두께는 점점 얇아지고 해수면은 빠르게 높아지고 있다. 최근 40년간 북극해의 얼음 면적은 10년마다 평균 15퍼센트 정도 줄고 있다. 이런 속도라면 2100년에는 세계 해수면 상승이 1미터를 넘을 것이다.

러시아 국토의 65퍼센트에 해당되는 툰드라 지대의 영구 동토층 해빙도 큰 문제이다. 땅속에 얼어 있던 메테인이 녹아 공기 중으로 방출되면 지구온난화는 더욱 가속화된다. 그 이유는 대기 중 메테인의 양은 이산화

2005년 허리케인 카트리나로 미국 뉴올리언스의 폰차트레인 호수 제방이 붕괴되면서 낮은 지대의 주택들이 물에 잠겼다.

탄소의 0.5퍼센트에 지나지 않지만 메테인 분자 하나가 이산화탄소 23배의 온실효과를 일으키기 때문이다.

IPCC(Intergovernmental Panel on Climate Change, 기후변화에 관한 정부간 협의체)에 따르면, 지구 평균 온도가 섭씨 1도 오르면 수많은 바닷말류와 산호초, 양서류 등이 사라진다. 2도 이상 오르면 현재 생물종의 25퍼센트가 멸종위기를 맞게 된다. 사람들도 극심한 고통을 겪는다. 최대 20억 명이 물 부족을 겪고, 3000만 명이 기근과 홍수에 시달리며 수십만 명이 심장마비로 사망한다. 지금까지 올라간 온도만으로도 이미 엄청난 수의 생물들이 멸종되었거나 멸종위기를 맞고 있다.

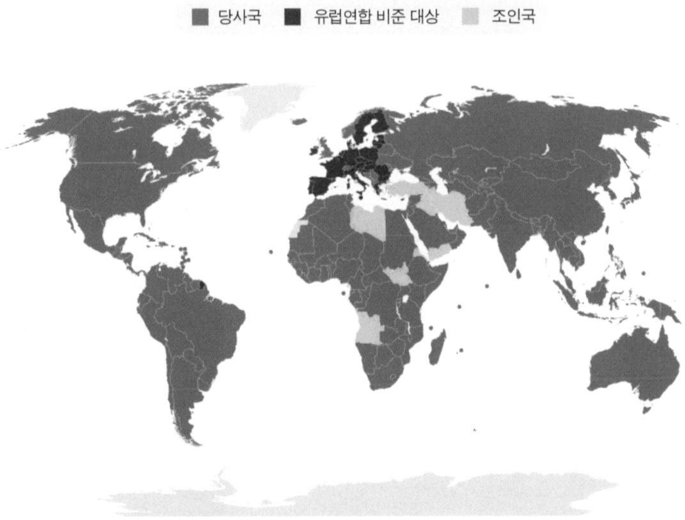

파리기후변화협약(2015년, 195개국 참가)

이러한 기후변화 위기에 대응하기 위해 2015년 12월 12일 세계 195개국이 모여 파리기후변화협약(Paris Climate Change Accord)을 맺었다. 2100년 전까지 지구 온도 상승을 산업화 이전과 비교해서 섭씨 2도 이하로 유지하고, 각 나라가 온실가스 감축에 박차를 가해서 최소 1.5도 이하로 제한하자는 공동 목표를 세웠다.

2013년 기준으로 온실가스를 가장 많이 배출하는 상위 10개 나라는 중국, 미국, 인도, 러시아, 일본, 독일, 한국, 캐나다, 이란, 사우디 순이다. 이 10개 국가에서 세계 온실가스의 67퍼센트를 배출하고 있다. 특히 중국은 28퍼센트, 미국은 16퍼센트로 이 두 나라만 합쳐도 세계 44퍼센트 수준이다. 온실가스 배출 7위국인 우리나라도 파리협약 당시 2030년까지 전

망치(특별한 감축 노력을 하지 않을 경우 예상되는 미래의 배출량)보다 37퍼센트 더 배출을 줄여 보겠다고 약속했다.

2019년 11월 4일, 미국이 돌연 파리기후변화협약에서 탈퇴한다고 통보했다. 2015년 당시 오바마 전 미국 대통령의 주도로 이 협정을 체결했는데, 트럼프 대통령이 이 협정이 미국에 불공평하다는 이유로 반대한 것이다. 2016년 11월 4일 발효된 협약은 3년간 탈퇴를 금지하고 있어 2019년 11월 3일까지는 탈퇴 통보가 불가능했기에 다음 날인 11월 4일 유엔에 협약 탈퇴를 통보한 것이다. 최종 탈퇴는 통보일에서 1년이 지난 뒤인 2020년 11월 4일에 이루어지므로 이에 따라 미국이 탈퇴한다면 전 세계에서 이 협정을 지지하지 않는 유일한 나라가 된다.

현재 참여국의 감축 계획만으로는 2100년 온도 상승률이 2.7퍼센트가 넘을 것으로 예상되고 있다. 하지만 모든 국가가 다 약속을 지키지 못하면 지구 온도는 4~5도 이상 높아지게 된다. 지구 온도가 4~5도 높아진다면 상상하기도 싫을 만큼 끔찍할 것이다.

04

사라지는 물고기의 고향

줄어드는 서식지

우리에게 태어난 고향이 있듯이 물고기에게는 연안 습지, 맹그로브 숲, 바다숲(감태 · 다시마 · 모자반 등 갈조류로 이루어진 바닷속 숲), 산호초 같은 곳이 고향이다. 많은 해양생물들이 이곳에서 산란하거나 새끼를 키운다. 어떤 물고기는 어린 시절만 보낸 후 먼바다로 떠나고 어떤 물고기는 평생 보금자리로 삼아 살아간다.

하지만 이러한 서식지들도 지구온난화와 개발, 파괴적인 어업으로 점점 줄어들고 있다. 강물이 바다로 흘러가는 길목인 하구는 퇴적물과 유기물이 많아 생물 다양성이 높은 곳이다. 갯벌도 다양한 종들이 안정적으로 살아갈 수 있는 좋은 서식지다. 하지만 하구는 갑문으로 막혀 버렸고 습지

충남 서산 간월도 앞 바닷물이 빠져
드러난 갯벌은 간월암으로 이어진다.

간척과 매립으로 사라져 가는 갯벌

와 갯벌은 간척과 매립으로 사라져 간다.

이제 육지로 변해 버린 그곳에는 공업단지가 들어서고 남은 서식지마저 오염으로 황폐화되어 버린다. 1984년에서 2016년까지 약 33년 동안 세계 갯벌의 16퍼센트 이상이 사라졌다. 우리나라 갯벌도 1990~2016년 동안 모두 716제곱킬로미터가 사라졌다고 한다. 이 면적은 여의도의 247배에 해당하는 규모이다.

맹그로브 숲

열대 지역 하구나 습지에 형성된 맹그로브 숲은 물고기, 갑각류, 연체동물 같은 해양생물의 초기 성장단계에서 매우 중요한 보호소 역할을 한다. 그뿐만 아니라 폭풍, 해일, 쓰나미 등에서 해안을 보호해 주는 기능도 한다. 한 연구에 따르면, 100제곱미터당 맹그로브 나무 30그루가 있을 경우 쓰나미 위력이 90퍼센트나 줄어든다. 또한 이산화탄

이산화탄소를 흡수해 뿌리에
저장하는 능력이 뛰어난 맹그로브

소를 흡수해서 뿌리에 저장하는 능력이 다른 나무들보다 뛰어나기 때문에 지구온난화를 누그러뜨리는 데 중요한 역할을 한다. 맹그로브 숲 1만 제곱미터에서 연간 1,500톤에 가까운 이산화탄소를 흡수한다. 지구 전체로 보면 연간 2만 3000톤 정도 규모이다.

그러나 이미 절반에 가까운 맹그로브 숲이 사라져 버렸다. 새우 양식장과 관광시설 등의 개발에 따라 맹그로브 숲을 밀어 버린 것이다. 연간 500킬로그램 정도의 새우를 생산하려면 1만 제곱미터의 맹그로브 숲을 파괴해야 한다. 그렇게 새우 양식장을 만들었다 해도 독성 물질과 전염성 세균 발생 등으로 시간이 지날수록 오염되어 대부분 3~4년 후에 폐기해야 한다. 양식업자들은 새 양식장을 만들기 위해 또 다른 맹그로브 숲을 파괴한다.

현재 맹그로브 숲은 전 세계 123개 나라에 걸쳐 약 15만 제곱킬로미터에 분포하고 있다. 인도네시아, 호주, 브라질, 나이지리아, 멕시코 이 다섯 나라에 전 세계 맹그로브 숲의 절반가량이 분포하고 있다. 그런데 인도네시아에서 매년 520제곱킬로미터의 맹그로브 숲이 사라지고 있다. 이 면적은 매주 축구장 세 곳이 사라지고 있는 것과 같은 수준이다. 이미 인도네시아의 맹그로브 숲은 전체 면적의 절반인 1만 8200제곱킬로미터가 심각한 훼손 위기에 놓여 있다. 맹그로브 숲이 파괴되는 속도는 산림보다 5배 빠른 수준이라고 한다. 이런 상황이라면 100년 뒤에는 맹그로브 숲이 완전히 사라질 수 있다.

세계 환경전문가들은 2018년 인도네시아 술라웨시섬을 강타했던 지진과 쓰나미 피해가 커진 이유는 맹그로브 숲의 파괴로 완충지대가 사라졌기 때문이라고 설명한다. 결국 자연재해가 아닌 인재인 것이다.

맹그로브 숲이 없다면 태풍이 지나갈 때마다 낮은 지대의 해안이 2미터씩 침식될 수 있다는 분석도 있다. 바닷물이 역류되어 육지로 밀려들면 농업 생산량이 줄어들고 지하수까지 오염된다. 한번 파괴된 맹그로브 숲을 복원하려면 적어도 226년이 필요하다고 한다. 새우 양식장이나 관광 시설을 만들어 얻는 눈앞의 이익보다는 맹그로브 숲이 인류를 포함한 지구 전체에 기여하는 가치가 너무나 높다.

알아보기

2010년 제16차 유엔 기후변화협약 총회가 열린 세계적인 멕시코 칸쿤은 리조트와 공항을 개발하기 위해 수많은 맹그로브 숲을 파괴한 곳이라고 한다. 멕시코에도 해마다 맹그로브 숲이 100제곱킬로미터 이상 사라지고 있다.

맹그로브 숲을 밀어내고 세운 멕시코 칸쿤의 리조트

유엔 교육과학문화기구인 유네스코에서는 7월 26일을 '국제 맹그로브 생태계 보존의 날'로 지정하고 이러한 위기를 세상에 알리고 있다. 새우 양식장으로 인해 해마다 맹그로브 숲이 파괴되는 스리랑카, 인도네시아 등 동남아 10개국은 '미래를 위한 맹그로브' 프로젝트로 현재 복원 사업을 진행하고 있다.

바다숲

감태·다시마·모자반 숲과 같은 바닷말류 지대와 잘피밭과 같은 해초지는 바다의 침전물과 오염물질을 흡수해 바닷물을 깨끗하게 하는 역할을 한다.

바다숲은 오염물질을 흡수해 바닷물을 깨끗하게 한다.
(한국수자원공단에서 바다에 조성한 바다숲)

인도양을 비롯한 넓은 바다에는 갈조류의 다시마목에 속하는 켈프(Kelp)라는 큰 다시마가 산다. 켈프의 길이는 보통 수십 미터이며, 100미터가 넘는 것도 있다. 뿌리는 바닥에 붙어 있고 줄기와 잎에는 이산화탄소가 들어 있는 둥근 주머니가 있어 가라앉지 않는다. 켈프는 자라는 속도가 매우 빨라서 하루에 1미터씩 자라는데 1년이 지나면 30미터 이상 자란다. 그리고 7년이나 살 수 있다.

켈프 숲은 크고 울창해서 주변에 사는 모든 바다생물들이 모여든다. 뿌리 근처에는 성게, 전복, 해삼, 게, 새우, 불가사리, 군소, 바닷가재, 갯지렁이 같은 저서생물들이 모이고, 잎에는 고둥과 물고기가 모인다. 켈프 숲은 해달에게 놀이터 같은 곳이다. 줄기에 매달려 잠을 자고 깨어나면 좋아하는 간식인 성게를 잡아먹는다. 이러한 켈프 숲은 온대부터 남극, 북극권까지 곳곳에 펼쳐져 있다.

하지만 2012년 호주 정부는 태즈메이니아와 빅토리아, 남호주 앞바다에 형성되어 있는 거대한 켈프 숲을 멸종위기 생태계 목록에 등재했다. 수온 상승과 사람들의 무분별한 개발로 위기를 맞게 된 것이다.

미국 캘리포니아 남부 해안에 위치한 켈프 숲은 알긴산(갈조류의 세포막을 구성하는 다당류로, 점성이 높은 유기산)을 추출하기 위해 연간 10만 톤이 넘는 켈프가 잘려 나가고 있다. 알긴산은 아이스크림, 과자, 국수처럼 점착성과

알아보기

바닷말류는 해조류라고도 하는데 크게 녹조류, 갈조류, 홍조류로 나누어진다. 파래와 청각은 녹조류, 미역과 다시마, 톳은 갈조류, 김과 우뭇가사리는 홍조류이다. 바다 깊이 들어갈수록 태양광이 약해지는데 얕을수록 녹조류, 갈조류 홍조류 순으로 점차 깊고 어두운 곳에서 자라는 특징이 있다.

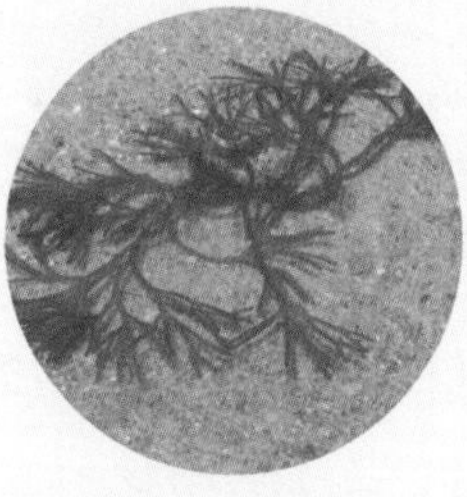
녹조류

갈조류

홍조류

어린 물고기나 해양생물에게 숨을 곳과 먹을 것을 제공하는 잘피밭

점도가 필요한 식품에 첨가하는 증점안정제로 사용된다. 이에 대한 수요가 높아지자 점점 많은 다시마 숲이 사라지고 있다.

잘피밭과 같은 해초지는 햇빛이 잘 들고, 수심이 얕은 곳에 분포되어 있다. 잘피류는 바닷말류처럼 포자로 번식하는 것이 아니라 꽃이 피는 현화식물로 해초라고도 한다. 바닷말류와 다르게 뿌리, 줄기, 잎이 구분되어 있다. 잘피류 역시 광합성으로 산소를 생성하고 침전물과 오염물질을 흡수해 바닷물을 깨끗하게 해준다. 그래서 건강한 산호초는 주변에 잘피밭이 함께 있는 곳이 많다. 잘피류가 산호에 치명적인 박테리아와 세균을 없애는 역할을 하기 때문이다.

또한 갓 알에서 깨어난 어린 물고기나 해양생물에게 숨을 곳과 먹을 것을 제공하는 중요한 장소이다. 그런데 1990년 이후부터 잘피류도 매년 7퍼센트씩 사라지고 있다. 세계 잘피밭의 전체 면적도 지난 100년 동안 30퍼센트 가까이 줄어들었다.

바닷가 주변에 양식장은 계속 늘어나고 오염물질 배출은 점점 많아진다. 그런데 바닷물을 정화시키는 잘피류가 사라지고 있으니 수질은 점점 나빠지고, 그로 인해 질병이 점점 더 빠르게 확산되고 있다.

산호초

산호초는 전체 바다 면적의 0.1퍼센트도 안 되지만 지구상에 존재하는 해양생물의 25퍼센트가 서식지로 삼고 있을 만큼 중요한 곳이다. 하지만 세계 산호초의 4분의 3이 위험에 노출되어 있다. 전문가들은 산호초가 2050년이면 지구상에서 거의 사라질 것으로 예상하고 있다. 지구온난화로 수온이 섭씨 2도 상승하면 현재 살아 있는 산호의 97퍼센트가 파괴되기 때문이다. 최근 연구에 따르면, 동남아시아·호주·서태평양·인도양 및 카리브해의 열대 산호초가 50퍼센트 이상 사라졌다.

호주의 대보초에 백화현상이 나타나고 있다.

기후변화뿐 아니라 파괴적인 어업도 산호초가 사라지게 하는 주요 원인이다. 지난날 바다 밑바닥을 긁는 대형 저층 트롤어선이나 다이너마이트 어업 등으로 엄청난 면적의 산호초가 파괴되었다.

해양생물의 서식지가 파괴되면 생물 다양성이 무너진다. 식물, 동물, 미생물 등 지구에서 살고 있는 모든 생물종은 생명의 그물로 엮여 있다. 따라서 하나의 생물종이 멸종하면 밀접한 관계에 있는 다른 생물에 영향을 미쳐 이후 연쇄적으로 생태계 변화가 일어난다. 1980~2010년 사이에 세계 생물종의 개체수와 서식지가 40퍼센트 감소했다고 보고되었다. 현재 한 해 평균 2만 6000종이 사라지고 있다고 한다. 이는 20분마다 하나의 생물종이 멸종되고 있다는 의미이다. 만약 우리의 행동을 바꾸지 않는다면 결국 우리 후손들 중 누군가는 인류의 멸종을 지켜봐야 할 수도 있다.

05

붕괴되는 어장

사라지고 있는 소형 어류

남획과 혼획에 따른 수산자원 고갈, 해양쓰레기와 미세플라스틱, 기후변화, 해양생물의 서식지 파괴……. 부서진 해양생태계는 다시 세계의 어장에 부메랑이 되어 날아 왔다.

FAO 보고서에 따르면, 북서 태평양은 2010년까지 전 세계 어획량의 25퍼센트를 차지하는 세계 1위 어장이었다. 하지만 지금 잡히는 어종은 대부분 멸치이다. 그동안 지나친 어획으로 큰 물고기들이 다 사라졌고 기후변화로 작은 물고기들의 생존이 유리해져 멸치 같은 소형 어종만 가득한 것이다.

세계 2위 어장인 북동 대서양도 상업 어종 80퍼센트가 사라졌다. 다른

FAO에서 설정한 세계 어장 구획도(자료: FAO)

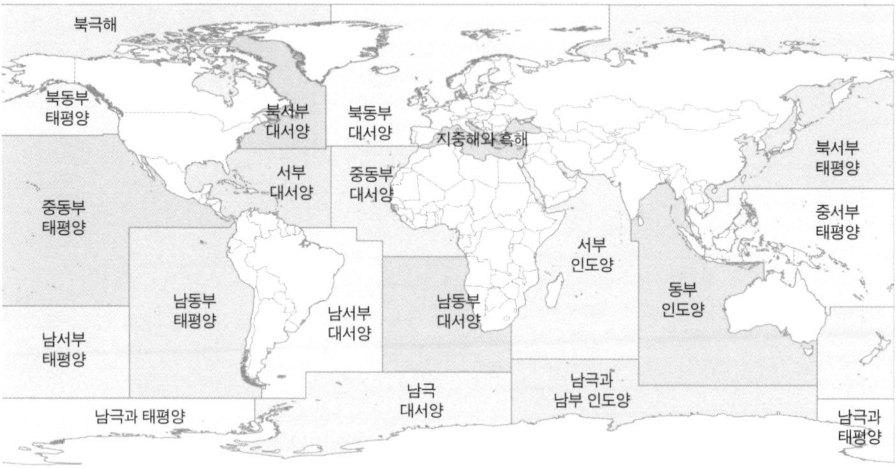

곳도 상황은 별반 다르지 않다. 북서 대서양은 77퍼센트, 남동 대서양은 62퍼센트, 중동 대서양은 43퍼센트가 사라졌다. 여기도 곧 멸치밖에 남지 않을 것이다.

바다가 이런 상황인데도 여전히 마구잡이와 불법 어획이 벌어지고 있다. 심지어 대부분의 어장에서 최대 어획 한도보다 50퍼센트 넘게 잡아들이는 것으로 밝혀졌다. 멸치가 많아지니 이제는 멸치도 마구잡이 대상이다. 문제는 지구온난화로 수온이 올라가 용승류(해양에서 비교적 찬 심층 바닷물이 표층 바닷물을 제치고 아래에서 위로 올라오는 바닷물의 흐름)가 약해져 멸치 먹이인 플랑크톤마저 줄어들고 있다는 사실이다. 그나마 빈 공간을 채워 주던 소형 어류마저 사라지고 있는 것이다. 어장이 줄줄이 폐쇄되고 바다는 텅 비게 될 것이라는 전문가들의 예측이 서서히 현실이 되고 있다.

대구 이야기

그 넓은 바다에 물고기 잡을 곳이 없겠냐며 아직도 어장 폐쇄를 믿지 못하는 사람들에게 대구 이야기를 들려주고 싶다. 1992년, 세계 최대 규모의 어장으로 유명했던 캐나다 뉴펀들랜드의 대륙붕 그랜드뱅크스가 500여 년의 풍요로움을 뒤로한 채 폐쇄되었다.

그랜드뱅크스는 유럽과 아메리카 사람들의 국민 생선인 대구와 청어가 풍부한 어장이었다. 사실 아메리카 대륙이 발견되기 전부터 이미 바이킹과 바스크인들이 대구를 잡던 비밀 어장이었지만, 1498년 이탈리아 탐험가인 조반니 카보토(Giovanni Caboto, John Cabot)가 최초로 뉴펀들랜드에 상륙한 뒤로 본격적인 대구잡이가 시작되었다. 당시 대구가 얼마나 많았

1497년 당시의 항로. 카보토는 이때 아시아 동부 해안인 줄 잘못 알고 영국으로 돌아왔다고 한다.

매사추세츠주 의회 의사당 천장에 걸려 있는 나무로 조각된 대구

으면 뱃전에 끊임없이 대구 떼가 부딪히고, 바닷속에 바구니를 넣었다가 꺼내도 대구가 한가득했다는 탐험가들의 기록들을 곳곳에 확인할 수 있다.

그 후 많은 사람들이 대구를 잡으러 이 지역 해안으로 몰려들었고 대구 어장은 조지뱅크(Georges Bank)까지 확대되었다. 조지뱅크가 눈앞에 보이는 케이프코드와 보스턴은 미국 개척의 심장부이다. 1650년대에 뉴잉글랜드, 래브라도, 뉴펀들랜드, 노바스코샤에서 잡힌 대구는 모두 보스턴 항구로 운반되어 거래되었다. 대구는 보스턴 경제의 핵심이자 상징이었다. 지금도 보스턴에 있는 매사추세츠주 의회 의사당 천장에는 나무로 조각된 대구가 걸려 있다.

보스턴의 많은 사람들이 부자가 되었고 그들은 대구 귀족으로 불리기까지 했다. 당시 뉴잉글랜드는 영국의 식민지였고, 대구로 이곳 경제가 활성화되자 영국은 이 지역에 대한 지배력을 강화하기 위해 애썼다. 이에 따라 뉴잉글랜드의 중요한 수입 품목이던 당밀과 차에 세금을 매기기로 결정했다. 영국의 일방적인 결정에 화가 난 미국 식민지 개척자들은 보스턴 항구에 정박한 배에 올라가 실려 있던 홍차를 전부 바다에 던져 버렸다. 이것이 1773년 미국 독립운동의 도화선이 된 '보스턴 차' 사건이다.

어쨌든 대구 어업은 미국의 독립선언과 산업혁명을 거치면서 더 번창했다. 대구 요리와 대구로 만든 가공식품은 점점 더 다양해졌고 사람들은 더 많이 대구를 먹었다. 1950년대부터는 트롤어선이 등장했다. 바닥을 싹 훑어 가는 초대형 저층 트롤어선은 기존에 사용했던 그 어떤 방식보다 획기적으로 대구 어획량을 늘려 나갔다. 심지어 냉동창고까지 갖춘 공장식 트롤어선들에는 뼈를 발라내는 가공시설도 있었다. 레이더와 어군 탐지기, 음파 탐지기로 밤낮을 가리지 않고 몇 주 동안 계속 대구 떼를 찾아다녔고 발견되면 그 주변을 싹쓸이해 버렸다.

대구 자원이 엄청나다는 소문을 들은 다른 나라에서도 배들을 끌고 그 어장으로 들어왔다. 당시에는 EEZ의 개념이 없어 누구나 그 지역에서 조업을 할 수 있었다. 곧 수백 척의 트롤어선들이 경쟁적으로 조업하기 시작했다. 어떤 어선은 대형 여객기가 들어갈 만큼 커다란 그물을 사용했고, 어떤 어선들은 당시 기술로 시간당 200톤의 물고기를 잡았다. 또 어떤 어선들은 대구를 8,000톤이나 실을 수도 있었다. 대구 크기가 점점 줄어들었지만 1970년대 후반까지도 사람들은 대구는 절대로 고갈되지 않을 것이라는 믿음을 가지고 있었다.

결국 그 많던 대구 자원은 완전히 고갈되어 버렸다. 캐나다 정부는 그랜드뱅크스에서의 대구 어획을 완전히 금지했다. 이 때문에 3만 5000명의 어업 관련 종사자들이 하루아침에 직업을 잃었다. 그로부터 2년 후인 1994년, 조지뱅크 어장도 폐쇄되었다. 뿐만 아니라 북태평양의 오호츠크해와 베링해, 북해 등 다른 지역의 대구 황금어장도 자원 상태가 급격히 나빠졌

태평양의 전 세계 대구 어획량(자료: FAO, 1950~2010)

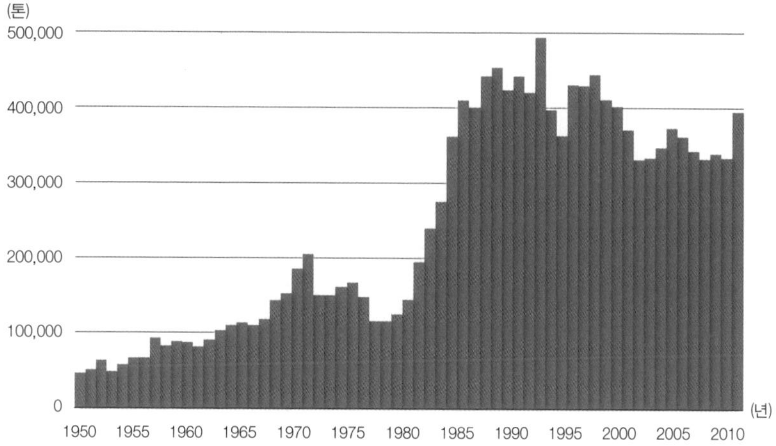

엄청난 마구잡이로 대구 자원이 고갈 위기에 처했다.

다. 그동안 거침없었던 마구잡이로 대구의 고갈이 동시다발로 벌어진 것이다. 대구를 공급받지 못한 수산물 가공업자와 유통회사들도 경영 위기에 처했다. 소비자들 또한 더 이상 대구 요리를 즐길 수 없게 되었다.

미국 북서부 어업의 상징이던 태평양 연어도 1988년을 정점으로 고갈되어 버렸다. 어선들은 저서어종이 풍부한 캘리포니아 어장으로 향했지만 그곳에서도 치열한 경쟁 조업과 마구잡이가 계속되었다. 2000년 미국 서부 연안에서도 저서어종이 완전히 고갈되자 미국 상무부는 다시 어업 위기를 선포했다. 그 후 알래스카, 멕시코만, 롱아일랜드해협까지 어장 46곳이 줄줄이 무너졌다.

오렌지러피(Orange roughy)는 돔 종류로 1,500미터 아래에 사는 대형 심해어종이다. 살아 있을 때는 빨간색이지만 죽은 뒤에는 오렌지색으로 변한다. 오렌지러피는 수명이 무려 150년으로 장수하는 물고기이다. 수명이 긴 만큼 성장도 느려서 보통 30세가 지나야 산란이 가능하다.

오렌지러피는 주로 뉴질랜드와 호주 앞바다에 서식하는데 미식가를 사로잡는 식감으로 1970~1990년대에 엄청난 양이 어획되었다. 그러나 불과 10년 만에 호주 어장에서 개체군이 10퍼센트로 줄어들었다.

오렌지러피는 화산활동으로 해저에서 솟아난 해산(海山) 분지에 주로 모여서 서식한다. 어부들은 해산을 발견하기만 하면 트롤어선의 저인망

알아보기

오렌지러피가 사는 해산은 생명 다양성이 풍부한 좋은 서식지이다. 국지적인 해류와 용승현상이 일어나 플랑크톤에 최적의 환경이기 때문이다. 따라서 오렌지러피의 먹이인 새우, 오징어, 소형 어류가 풍부하다. 태평양의 해산은 3만 군데, 대서양은 6,000군데라고 한다. 해산의 이름을 붙인 곳은 전 세계에서 1,000군데 정도이지만 연구가 이루진 곳은 이보다 훨씬 적다.

해저에 솟아난 해산 분지에서
주로 서식하는 오렌지러피

으로 싹쓸이해 2~5분 만에 17톤을 잡아 올린다. 보이는 족족 잡아 버리니 개체군 유지를 위해 산란할 수 있는 어른 물고기가 남아나질 못한다. 오렌지러피는 산란 시기도 늦지만 일정 개체군을 유지해야만 산란을 시작한다. 하지만 저인망이 한번 지나가면 산란이 교란되어 3~4년이나 늦춰진다. 서식지인 해산도 훼손되어 번식하기 더 힘들어진다.

호주 앞바다에서 오렌지러피가 사라지자 어선들은 오렌지러피를 잡기 위해 해산이 있는 다른 어장을 찾아 이동했다. 남아프리카, 모로코, 아이슬란드에서 발견된 해산과 오렌지러피들도 곧 같은 신세가 되어 버렸다.

미국 서부 지역인 모로베이에 오래전부터 있었던 록피시(Rock fish) 9종이 심하게 고갈되었다. 그 가운데 수요가 높은 5종의 개체수는 그 이전보다 10퍼센트 이하 수준밖에 남지 않았다. 록피시에도 매우 느리게 성장하는 종이 있어 개체군을 형성하려면 적어도 50년에서 100년 이상 걸릴 수도 있다.

ICES(International Council for the Exploration of the Sea, 국제해양탐사협의회)는 북해의 주요 저서어종인 대구, 가자미, 아귀, 서대기 등을 모두 안전한 생물학적 한계를 벗어난 종으로 등록했다. 개체군이 너무 작아 번식에 실패할 수 있다는 것이다. 가자미는 40년을 살 수 있지만 6세 이전에 거의 다 어획되어 버린다. 북해 홍어도 산업혁명 이전에 비해 99퍼센트가 고갈되었다. 예전에는 사람 키만 한 홍어가 흔했다고 하지만 100년도 안 되어서 거의 멸종 수준이 되어 버렸다. 북해 고등어도 1970년대에 감소한 자원량이 여전히 회복되지 못하고 있다.

서아프리카 어장은 모리타니 사막에서 바다로 부는 강한 무역풍으로 세계 최대의 용승현상이 일어나는 대서양 최고의 황금어장 중 하나이다. 이곳에 물고기 1,200여 종이 서식하는 매우 풍요로운 바다이다. 하지만 과학자들은 이곳 대륙붕의 수산자원도 심각한 상태라고 경고한다. 능성어와 도미 등 인기 상업 어종은 이미 고갈 상태이고 바다 깊숙한 곳에 살고 있는 심해 새우와 민대구도 마구잡이 위기에 놓여 있다고 한다.

하지만 아프리카 지역의 나라들은 외화를 확보하기 위해 수산자원 관리 대책도 없이 궁여지책으로 자국 영해에 외국 어선의 조업을 허가해 주고 있다. 문제는 해외 대형 트롤선단들이 연안까지 들어와 싹쓸이를 한다는 것이다. 이런 상황이라 그 지역 어부들이 잡아야 할 물고기들은 씨가 말라 버린다. 앙골라에서는 고작 3,200만 달러로 유럽연합에 다랑어, 새우, 저서어종 등의 어획 권한을 넘겨주었다. 그런데 정작 그 나라 국민들은 수백만 명이 굶고 있다.

세계 10대 빈민국 중 하나인 소말리아 해역에서는 스페인과 프랑스 국적의 다랑어잡이 선단이 정규적으로 조업을 하고 있다. 2003년 〈네이처〉에 발표한 한 연구에 따르면, 다랑어와 황새치, 청새치, 대구, 큰넙치, 홍어, 도다리 같은 대형 어종들은 1950년대와 비교했을 때 이제 10퍼센트 정도만 남아 있는 것으로 확인되었다. 10퍼센트라도 남아 있는 게 어디냐고 할 수 있다. 하지만 방심하는 순간 마구잡이로 삽시간에 초토화될 수 있다.

약탈당하는 남극해

남극해는 크릴이 풍부해서 해양생물에 천국과도 같은 곳이다. 하지만 마구잡이와 불법 어획은 저 멀리 떨어져 있는 남극해조차 끊임없이 괴롭히고 있다. 이미 남극해는 1900년대 초반에 시작된 고래잡이로 수많은 고래가 차례로 멸종위기종이 되어 버린 아픔을 겪었다. 대왕고래로 불리는 흰긴수염고래(또는 흰수염고래)는 1929~1930년 단 1년 만에 3만 마리가 학살되었다고 한다. 지금은 약 1,500마리밖에 남지 않아 국제포경위원회에서 직접 보호하고 있다. 1994년 남극에서 고래잡이가 금지되기 전까지 무려 150만 마리의 고래가 학살되었다고 한다.

남극해에 사는 파타고니아 이빨고기(Toothfish)도 마구잡이와 불법 어획으로 고갈 위기에 놓여 있다. 메로, 칠레농어라고 불리는 이빨고기는 몸길이가 평균 1~2미터인 대형 심해어종이다. 남극해에서 은민대구와 홍메기 같은 상업 어종이 고갈되고 난 후 주목받기 시작했는데 특히 미국과 일본에서 고급 식자재로 사용하면서 가격이 천정부지로 치솟았다.

남극 해양생물을 지속적으로 보존하고 합리적으로 이용하기 위해 설립된 국제기구인 CCAMLR(Commission for the Conservation of Antarctic Marine Living Resources, 남극해양생물자원보존위원회)에서 설정한 어업 규제가 있었지만 불법 어획은 더욱 성행했다. 이 과정에서 무분별한 혼획이 벌어져 이빨고기뿐만 아니라 수많은 해양생물이 희생되었다. 결국 이러한 사실을 환경단체들이 폭로했고 시장에서 불매운동이 일어났다. 하지만 여전히 4~5

알아 보기

우리나라에서도 이빨고기가 연간 1,500톤가량 소비되고 있고 어획량도 꾸준히 늘고 있다. 1994년부터 원양어선에서 이빨고기를 잡아들이는데 우리나라 통계청 자료에 따르면, 1995년 400톤 정도에서 2018년에는 3,250톤으로 8배 가까이 늘었다. 이번 예비 IUU 어업국 선정도 이빨고기 어업이 주원인이다.

마구잡이와 불법 어획으로 고갈 위기에 놓인 이빨고기

만 톤의 이빨고기가 불법 어획되고 있다. 이빨고기도 평균 수명이 50년 정도여서 성장 속도가 매우 느리다. 하지만 산란을 한 번도 하지 못한 어린 물고기들조차 마구잡이로 잡고 있는 실정이다.

남극해 크릴도 마구잡이로 고갈 위기에 놓일까 봐 CCAMLR와 환경단체들이 촉각을 곤두세우고 있다. 크릴은 남극 해양생태계의 가장 기본이 되는 생물로 어린 물고기부터 고래까지 다양한 생물의 주요 먹이이다. 보통 크릴새우라고 하지만 사실 크릴은 새우가 아니다. 난바다곤쟁이목에 속하는 갑각류로 새우와는 거리가 먼 종류다. 최근 낚시 미끼, 오메가3 원료로 많이 사용되고 있어 더욱 위기감이 높아지고 있다.

최근 낚시 미끼, 오메가 3 원료로 많이 사용되고 있어 위기감이 높아진
남극 해양생태계의 주요 먹이 자원인 크릴

붕괴되는 어장의 끝에서

어장은 붕괴되고 있지만 지금도 수많은 어선들은 남아 있는 물고기를 잡기 위해서 최선을 다해 바다를 훑고 다닌다. 대형 선망어선들은 바다에서 정어리·청어·참치 떼를 만나면 길이 1.5킬로미터, 깊이 250미터의 건착망(띠 모양의 큰 그물로 고기를 둘러싸고 줄을 잡아당기면 두루주머니를 졸라맨 것처럼 되어 고기가 빠져나가지 못한다)으로 에워싸고 일망타진해 버린다. 연승어선들은 줄 길이가 100킬로미터나 되는 주낙에 2,500개의 낚싯바늘을 매달아 끝도 없이 물고기를 잡아 올린다. 대형 트롤어선들은 바다 밑바닥을 휩쓸고 다니며 닥치는 대로 끌어올린다. 한번 저인망이 지나간 자리에는 100년 동안 형성된 산호, 해면 등이 박살나 있다. 물고기를

산란하는 데 귀중한 서식처들도 부서져 버린다. 물고기뿐 아니라 바다풀, 말미잘, 불가사리, 게 등 저서생물들도 모조리 희생양이 된다.

요즘 어선들은 바다의 공장이다. 어획물을 저장하기 위해 냉장·냉동시설과 통조림 가공시설까지 갖추고 있다. 이렇게 기술력이 좋은데 문제는 바다에 물고기가 없다. 하지만 여전히 바다에는 물고기를 잡으려는 어선들로 넘쳐난다. 2018년 FAO의 보고서에 따르면, 456만 척의 크고 작은 배들이 조업을 하고 있다. 무너진 해양생태계는 더 이상 회복이 안 된다. 이제 얼마나 많이 잡을 것인가의 문제가 아니라 언제까지 잡을 수 있을 것인가의 문제이다.

대형 트롤어선이 저인망으로 바다 밑바닥까지 훑어 잡아 올린 물고기들

3부

미래를 위한 바다

01

공유의 비극을 넘어

목초지의 비극

우리는 자원을 이런 식으로 마구 사용하면 결국 절망적인 미래를 맞이하게 될 것이라는 사실을 알고 있다. 그럼에도 왜 우리는 이런 선택을 하는 것일까?

미국의 생물학자 개릿 하딘(Garrett Hardin, 1915~1986)은 1968년 「공유의 비극The Tragedy of the Commons」이라는 제목의 논문을 발표했다. 그는 이 문제를 공유 목초지 사용을 예로 들어 설명했다.

「공유의 비극」을 발표한 개릿 하딘

어느 마을에 목초지가 있었다. 이 목초지는 마을 공동 소유지여서 사용하는 데 특별한 제한이 없었다. 그

목초지의 양들. 목초지는 모두의 것이지만
아무도 소유할 수 없기에 마구 쓰는 것, 바로 공유의 비극이다.

래서 마을 사람 중 한 명이 거기서 양을 키우기 시작했다. 풀이 충분히 많았기 때문에 조금씩 양을 늘려 나갔다. 그 모습을 본 다른 사람들도 자신의 양을 목초지에서 키우기 시작했다. 목초지에서 풀을 뜯는 양들이 점점 늘어났다. 반대로 목초지의 풀은 빠르게 줄어들기 시작했다.

마을 사람들은 이대로 방치하다간 목초지가 곧 황폐해질 것이라 예감했지만 아무도 솔선수범을 보이지 않았다. 내 양을 목초지에 풀지 않더라도 다른 누군가가 몰래 자기 양을 풀어 버릴 것이었기 때문이다. 내 양만 굶어 죽일 수 없는 노릇이었다. 목초지의 양들은 마지막 남은 풀 한 포기마저 먹어 치웠다. 결국 목초지는 황무지로 변했고 마을의 모든 양은 굶어 죽었다.

모두의 것이지만 아무도 소유할 수 없기에 마구 쓰는 것, 그것이 바로 공유의 비극이다. 목초지의 비극은 바다에서도 빈번히 일어난다. 마을 사람들과 똑같은 선택으로 수산자원을 마구 잡아 해양생태계가 파괴된다. 내가 안 해도 결국 다른 사람이 할 것이다. 결과가 어찌 되었든 간에 일단 내 몫은 챙겨야 한다.

합리적인 인간의 이기적인 선택

사람은 왜 이렇게 비극이 일어나리라는 것을 예상하면서도 비합리적인 선택을 하는 것일까? 이 질문에 대해 게임이론 학자들은 꽤 오래전부터 연구를 진행해 왔다. 게임이론에 따르면, 사람들은 경쟁에서 이기기 위해서 또 자신의 이득을 위해서 전략적으로 상대방을 배신하는 선택을 하게 된다.

서로 협력하면 각자에게 최상의 이익이 돌아오지만 상대방의 배신이 두려워 선뜻 협력을 선택하지 못하는 것이다. 자신이 먼저 협력했는데 상대방이 배신할 수도 있다. 만약 상대방의 일방적인 배신에 따른 손해가 크다면 더욱 상대방을 쉽게 믿지 못할 것이다.

하지만 배신은 쉽다. 상대방의 배신을 걱정할 필요도 없다. 최소한의 이득이라도 보기 때문이다. 꽤 합리적인 결정이다. 문제는 그 때문에 공유의 비극이 일어난다는 점이다.

게임이론 학자들은 죄수의 딜레마로 더 쉽게 이 내용을 설명한다.

함께 범죄를 저지른 죄수가 두 명 있다. 형사는 두 죄수를 각각 다른 방에서 심문한다. 죄수는 서로 격리되어 있어 의견을 나누거나 진술을 맞출 수 없다.

하지만 죄수들은 묵비권을 행사할 수 있기 때문에 형사는 결정적인 증언을 확보할 수가 없다. 그래서 죄수 A와 B에게 한 가지 제안을 한다.

서로 끝까지 협력할 것인가, 배신할 것인가? 이것이 죄수의 딜레마이다.

죄수 A에게 B의 범죄를 폭로하면 석방해 주겠다고 했다. 대신 묵비권을 행사하면 최대 징역 7년을 선고받을 수 있다. 이 제안은 죄수 B에게도 똑같이 적용된다. 하지만 A와 B 둘 다 묵비권을 행사할 수 있다. 그러면 각자 1년 동안 구치소 생활만 하고 풀려날 수도 있다.

만약 둘 다 서로의 범죄 사실을 폭로하면 양쪽 다 증언이 확보되기 때문에 각자 징역 5년형을 선고받게 된다. 과연 두 죄수는 서로 끝까지 협력할 것인가, 아니면 배신할 것인가? 이것이 죄수의 딜레마이다.

두 죄수는 자신에게 가장 유리한 선택이 무엇인지 고민하게 될 것이다. 죄수 A의 입장에서만 본다면 최상의 선택은 B가 죄를 뒤집어쓰고 자기만 석방되는 것이다. 하지만 가장 아름다운 모습은 둘 다 끝까지 묵비권을 지키고 구치소에서 1년만 버티다 나가는 것이다. 만약 B가 배신한다면? A는 혼자 죄를 뒤집어쓰고 7년이나 감옥살이를 해야 한다. 반면에 얄밉게도 B는 바로 석방될 것이다. 차라리 둘 다 서로 배신하더라도 징역 5년이니 7년보다는 짧다.

묵비권을 지킨 후 상대방이 배신할지 안 할지 마음 졸이느니 차라리 깔끔하게 먼저 배신하고 속 편하게 결과를 기다리는 편이 낫다. 게임이론에서는 이렇게 상대방이 어떤 선택을 하더라도 자신에게 유리하게 작용하는 것을 '우월 전략'이라고 한다.

균형이론을 창안한 존 내시

이제는 고전이 된 영화 「뷰티풀 마인드A Beautiful Mind」의 실제 주인공인 존 내시(John Nash, 1928~2015)의 '균형이론'도 이것과 같다. 게임 참가자들은 상대방이 선택할 전략을 예측할 수 있고, 같은 조건으로 주어진 상황에서 자신에게 유리한 최선의 전략을 선택할 것이라는 내용이다. 내시는 자신의 선택이 상대방의 선택에 어떠한 영향을 주고, 또한 자신도 상대방의 선택에 어떤 영향을 받는지를 고려해서 최종적으로 내리는 결정을 이론적으로 설명했다. 이 과정을 통해 모든 게임 참가자들이 상대방이 내린 선택에서 자신의 선택이 최선의 결과라는 결론에 이르면 '내시 균형'에 도달했다고 말한다.

앞서 이야기했던 죄수의 딜레마에서 죄수 A와 B 둘 다 자신에게 가장 유리한 선택이 폭로라고 판단했다. 그래서 최종 결과가 징역 5년형이라는 내시 균형에 도달하게 된 것이다. 그런데 여기서 또 다른 재미있는 결과가 벌어진다. 최종 선고된 두 죄수의 징역을 합치면 10년(5+5)이다. 만약 두 죄수가 협력을 선택한다면 총합은 2년(1+1)이 된다. 만약 한 명이 배신하고 한 명이 협력해도 총합은 7년(7+0, 0+7)이 된다. 서로 합리적인 선택을 했지만 내시 균형의 결과는 최악의 상태인 것이다.

내시 균형의 결과가 최악의 상태에 이른 것은 죄수들 각자가 자신의 이익만을 위해 이기적인 선택과 행동을 했기 때문이다. 즉 개인의 이익 추구가 전체의 이익으로 이어지지 못했다는 것이다. 이는 우리 모두가 자신에게 최상의 이익이 되는 선택을 하고 이를 위해 최선의 노력을 다한다 해도 전체적으로 봤을 때는 최악의 상황으로 갈 수 있다는 것을 보여 준다.

마구잡이의 경우도 마찬가지이다. 당사자는 최상의 이익을 얻지만 전체적으로 막대한 손해를 입는다. 그것을 본 다른 어부들도 마구잡이를 선택한다. 자기만 손해 보기 싫은 것이다. 결국 비극은 다시 시작된다.

삶은 한판 승부가 아니다. 수많은 게임이 일상에서 반복적으로 일어나고 있다. 죄수의 딜레마처럼 단 한 번만 게임이 진행될 경우에는 배신이 최상의 전략일 수 있지만 게임이 반복되다 보면 사람들의 전략은 다양해진다. 협력하는 사람, 배신하는 사람, 배신자를 응징하는 사람…… 다양한 성격과 다양한 목적을 가진 사람들이 게임에 참가할 수 있다. 일부는 협력을 신념으로 생각해서 초지일관 협력을 지키는가 하면, 끈질긴 악당처럼 주야장천 배신만 하는 사람들도 있다. 상대방이 하는 대로 따라하는 사람, 한번 배신한 사람은 결코 용서하지 않는 사람, 대세에 따르는 사람, 기분에 따라 협력과 배신이 달라지는 예측 불가능한 사람…… 별의별 사람들이 게임에 참가할 수 있다.

그런데 재미있는 것은 게임이 반복되면 반복될수록 평판이 생기게 된다는 점이다. 내가 상대방과 협력을 할 것인지 배신할 것인지 결정하기 위해서는 누가 협력자인지 배신자인지 미리 알아야 한다.

게임 초창기에는 협력자들은 손해 보고 배신자들은 이득을 보게 된다. 하지만 시간이 지날수록 배신자들은 나쁜 평판이 쌓이고 다음 게임에서는 배척될 확률이 높아진다. 반면 협력자들은 좋은 평판을 얻게 되어 다음 게임에서도 협력 받을 확률이 높아진다. 결국 시간이 지나면 배신자들은 자연적으로 도태되거나 협력자로 개과천선하게 된다.

3 팃포탯과 평판 시스템

팃포탯(Tit for Tat)은 '눈에는 눈, 이에는 이'라는 뜻이다. 배신자들에게는 배신으로, 협력자들에게 협력을 한다는 전략이다. 이 팃포탯은 게임이 진행되면 보상과 처벌을 가르는 일종의 관리자 같은 역할을 한다. 만약 내가 협력을 선택한다면 팃포탯은 반드시 나에게 협력한다. 든든한 협력자인 것이다. 하지만 배신을 한다면 팃포탯은 반드시 응징하고 돌아서 버린다.

놀랍게도 팃포탯은 자연에서도 많이 볼 수 있다. 한 예로 농어 종류인 자이언트 그루퍼(Giant grouper, 대왕바리)와 청줄청소놀래기(Bluestreak cleaner wrasse)의 공생관계를 살펴볼 수 있다. 청줄청소놀래기는 자이언트 그루퍼를 청소해 주면서 먹이를 얻고, 그 덕분에 자이언트 그루퍼는 몸에 있는 기생충들을 제거할 수 있다.

심지어 놀래기류는 청소할 때 자이언트 그루퍼 입속도 자주 들락거린다. 몹시 배고픈 자이언트 그루퍼라면 한 번쯤은 삼킬 법도 한데 절대로

포테이토 그루퍼(감자바리)와 그루퍼를 청소해 주는
청줄청소놀래기의 관계는 협력관계이다.

그런 일은 일어나지 않는다. 만약 그런 일이 한 번이라도 있었다면 청줄청소놀래기는 본능적으로 자이언트 그루퍼 곁을 떠났을 것이기 때문이다. 협력자에게 협력으로 보답하는 것이다.

큰가시고기의 행동은 더 확실한 팃포탯을 보여 준다. 큰가시고기는 생존을 위해 떼로 모여 사는데 은신처에 강꼬치고기 같은 포식자가 다가오면 두 마리 정도가 자발적으로 정찰대를 꾸려 탐색전을 펼친다. 포식자에게 먹이처럼 다가가서 배가 고픈지 아닌지 파악하는 것이다. 만약 접근했는데도 포식자가 공격하지 않으면 큰가시고기 떼는 모두 은신처에 그냥 머무른다. 놀라서 우왕좌왕 모두 은신처 밖으로 도망 나오면 더 큰 위험이 도사리고 있기 때문이다.

여기서 흥미로운 점은 두 마리의 정찰대가 포식자 근처에 다가갈 때 팃포탯 전략을 취한다는 것이다. 두 마리의 큰가시고기는 생존 확률을 두 배로 높이기 위해 동시에 포식자를 교란시키면서 나아간다. 만약 포식자가 배가 고프다면 한 마리를 선택해야 하는데 그렇게 되면 나머지 한 마리가 희생될 확률이 절반으로 줄기 때문이다.

만약 한 마리가 배신하게 되면 다른 한 마리는 어떻게 행동할까? 자기가 희생될 확률을 줄이기 위해 동료보다 접근 속도를 늦추면 어떤 일이 벌어지게 될까? 1987년 진화생물학자 만프레드 밀린스키(Manfred Milinski)는 큰가시고기 한 마리를 거울에 비춰서 마치 두 마리가 움직이는 것처럼 꾸몄다. 이 실험의 결과는 놀랍게도 팃포탯이었다. 동료(거울에 비친 자신)가 포식자를 향해 속도를 높이면 같이 속도를 높였다. 그런데 속도를 늦추면 자신도 늦추거나 아예 다른 방향으로 도망가 버렸다.

팃포탯이 직접적인 경험을 토대로 반응하는 것이라면 평판은 간접적인 경험이 바탕이 된다. 우리는 잘 알지 못하는 제품도 평판을 믿고 산다. 비즈니스 세계에서도 평판은 불확실성을 줄이기 위한 중요한 역할을 한다. 평판은 팃포탯처럼 즉각적이지 않기 때문에 복잡하게 연결된 사회를 좀 더 안정적으로 돌아가게 한다.

예를 들면 배신자를 한두 번 너그럽게 용서해 주고 손해를 감수하고 계속 협력관계를 유지하면 다른 사람들에게 좋은 평판을 얻어 잘 모르는 사람들에게도 신뢰와 협력을 얻을 수 있게 된다. 이것도 일종의 상벌 개념으로 볼 수 있다. 협력자는 좋은 평판을 얻지만 배신자는 나쁜 평판을 얻는다. 그렇게 되면 배신자는 처음에는 이득을 얻겠지만 경쟁(게임)이 계속 될수록 협력할 파트너를 얻지 못해 도태될 가능성이 높아진다.

공공재 게임과 무임승차자들

어업조합에서 수산자원 관리 차원에서 금어기를 정해 이 기간에는 조업을 중단하기로 했다. 그 보상으로 50명 조합원에게 1000만 원씩 지원금을 주기로 협의했다. 그리고 일주일 후 조합에서 좀 더 지속가능한 방식으로 어업을 개선하기 공공 프로젝트를 마련하자고 제안했다. 이 프로젝트를 개발하려면 약 2.5억 원의 기부금이 필요하다. 그래서 지원금으로 전달된 1000만 원 중 절반 또는 일부를 기부해 달라고 요청한다. 조합이 개선된 어업 방식으로 얻게 될 이득이 기부금의 두 배가 될 것이기 때문에 조합원 전원에게 그 이득을 골고루 배분할 계획이다.

모두가 지원금의 절반인 500만 원씩 기부하면 프로젝트를 성공적으로 끝낼 수 있고, 모두에게 돌아가는 이득은 최대가 된다. 자신에게도 두 배의 이득인 1000만 원이 돌아올 것이다. 그런데 얍삽한 생각이 떠오른다. 자신이 기부하지 않아도 다른 사람이 기부한다면 공짜로 큰 이득을 볼 수 있다는 생각이다. 전형적인 배신자 사고방식이다.

만약 자기는 1원도 기부하지 않았지만 다른 사람들이 모두 500만 원씩 기부한다면 최고의 이득을 볼 수 있다. 그런데 만약 아무도 기부하지 않는다면 득도 실도 없지만 돈은 굳힐 수 있다. 만약 자신은 기부했는데 다른 사람들이 기부하지 않으면 자기만 손해를 입는다. 과연 어업조합에서는 지속가능한 어업을 실현할 수 있을까? 공공 프로젝트를 위한 기부금이 얼마나 모였을까?

일상생활에서 우리는 우리 삶을 좀 더 편리하게 하는 공공재를 관리하기 위해 요금을 낸다. 수도세, 전기세 같은 세금을 포함해 버스 요금, 지하철 요금 같은 공공 요금을 낸다. 이 비용은 모두 국가로 들어가 다시 국민을 위해 재분배된다. 하지만 꼭 무임승차자들이 있다. 혜택은 누리면서 비용은 내지 않는 것이다. 만약 모두가 무임승차를 한다면 공공 서비스는 중단될 것이다. 이것을 알면서도 다른 누군가는 비용을 낼 것이라는 기대 때문에 무임승차를 선택하는 것이다. 죄수의 딜레마와는 반대 상황인 것처럼 보이지만 본질은 같다.

이러한 현상을 분석하기 위해 세계 각지에서 공공재 게임에 관한 실험이 이루어졌다. 그 결과는 우울했다. 대부분 게임을 반복할수록 기부금은 낮아졌고 무임승차자는 늘어났다. 그 이유는 무임승차자들에 대한 우려로 기부하는 사람들이 줄어들고 기부금이 적게 모이면 기부했던 사람들의 원금마저 손해를 입게 되는 결과를 가져오기 때문이다. 그래서 게임을 10회 정도 반복하면 참여도가 확 떨어지고 기부율도 평균 10퍼센트대로 떨어진다(처음 시작할 때 평균적으로 50퍼센트대의 기부율을 보인다).

예외는 있다. 서로 신뢰가 두텁고 의식 수준이 높은 집단일수록 기부율이 높았고 시간이 지나도 꾸준히 유지되었다. 예를 들어 덴마크에서 실험이 진행될 경우에는 꾸준히 75퍼센트대의 기부율이 나타난다. 그런데 그리스는 처음부터 기부율이 0퍼센트이다. 여기에 변수가 있다. 만약 무임승차자들이 누군지 밝히고 불이익을 주겠다고 조건을 걸면 참여도와 기부율이 훨씬 더 높아진다. 팃포탯과 평판 시스템이 긍정적인 역할을 한 것이다.

만약 세상에 자원이 충분히 있고 평화로운 협력자들만 있다면 우리는 공유자원을 아끼면서 지속가능한 삶을 영위할 수 있을 것이다. 하지만 자원은 늘 부족하고 협력을 하기에는 배신자들이 너무 많다.

2009년 노벨 경제학상을 수상한 엘리너 오스트럼

엘리너 오스트럼(Elinor Ostrom, 1933~2012)은 세계 각지에서 일어났던 공유의 비극을 분석한 뒤 해결 방안을 제시하여 노벨 경제학상을 수상한 정치경제학자이다. 오스트럼은 어업에서 일어나는 공유의 비극 사례로 터키 어업을 예로 들었고, 이 비극을 극복한 사례도 있어 둘 다 내용에 담았다.

에게해에 위치한 터키의 보드룸 연안에서 1983년 약 400여 명의 어부들이 조업을 하고 있었다. 100여 척의 소형 동선과 11척의 저인망, 2척의 건착망, 9척의 예망(그물을 수평 방향으로 임의 시간 동안 끌어서 잡는 어구)어선이 연안 어장을 드나들었다. 1970년대 초까지 어획량이 많아 지역 경제가 좋은 편이었다. 그러자 중앙정부는 생산량을 더 높이기 위해 일부 어업에 대형 트롤어선의 도입을 장려하고 재정 지원을 약속했다.

대형 트롤어선을 도입한 지역 어부들이 엄청난 수익을 올리기 시작하자 다른 지역 어부들도 이곳으로 몰려들기 시작했다. 물고기가 많다는 소문이 나자 낚시 관광지로도 유명해졌다. 취미 낚시인들과 낚싯배들까지 줄지어 가담했다.

보드룸의 어장이 어선들로 붐비자 수산자원이 급격하게 줄어들었다. 얼마 지나지 않아 어부들은 어획으로 얻는 수익보다 운영비를 더 많이 지출하게 되었다. 대형 트롤어선들은 수지를 맞추기 위해 인근 연안까지 넘나들어야 했다. 1970년 내내 현지 어업협동조합은 소형 어선을 가진 어부와 신규 어업인들, 대형 트롤업자, 취미 낚시인, 그 밖에 면허와 허가를 받은 다양한 어업인들 사이에서 벌어지는 갈등을 중재하려고 애썼지만 소용이 없었다. 결국 수산자원은 완전히 고갈되었고 어업협동조합도 1983년에 문을 닫았다.

에게 해안 북쪽으로 더 멀리 떨어져 있는 이즈미르만 어장에도 이와 비슷한 문제가 일어났다. 이즈미르는 인구 100만의 대도시로 신선한 수산물 수요가 매우 높은 곳이었다. 1983년 기준으로 1,800여 명의 어부가 700여 척의 소규모 동력어선과 30여 척의 트롤어선, 27척의 선망어선으로 조업을 하고 있었다.

이 어장에서도 수산자원량에 비해 조업하는 어선들이 너무 많았다. 트롤어선은 뱃길이 너무 복잡해서 아예 바다로 나아가지도 못했다. 마구잡이와 규제 위반으로 분쟁이 끊이지 않았다. 터키 해양경찰이 철저하게 감시 활동을 했지만 통제하기에는 어선들이 너무 많았다. 자치적으로 수산자원을 할당하고 조업을 제한하는 등 해결 방안을 모색하기 위해 회의도 열었지만 이해관계자들이 서로 분열되어 있어 의견을 모으기가 쉽지 않

이즈미르만의 항구에 소형 어선들이 정박되어 있다.

았다. 이곳에는 대규모 어업협동조합이 두 곳 있었는데 모두 자신의 이익만 대변하고 나서서 갈등 해소에 진전이 없었다. 결국 이즈미르만의 어장도 고갈되어 버렸다.

오스트럼은 보드룸과 이즈미르만의 상황을 제도적인 방치로 보았다. 정부에서 법과 제도를 통해 어부들이 면허를 받을 수 있도록 했지만 면허 수는 제한하지 않았다. 또한 산란 시기에 조업을 금지하는 금어기와 어구에 관한 규정과 트롤어선과 같은 근해어선의 연안 조업 금지 규정까지 있었지만 이를 감시하고 관리할 수 있는 전문성 있는 공무원을 따로 두지 않았다. 오직 감시를 위한 해안 경비대와 해양경찰, 행정 절차만 담당하는 행정부 공무원들이 이 제도를 집행하는 전부였다.

그런데 보드룸에서 동쪽으로 약 400킬로미터 떨어진 곳에 있는 알라니아 어장에서는 전혀 다른 일이 일어났다.

알라니아에는 어부 100여 명이 다양한 종류의 어망을 사용하면서 개인별로 2~3척의 어선으로 조업을 했다. 어부들의 절반은 지역 어업협동조합에 소속되어 있었다.

이곳 역시 1970년대 어부들 간에 갈등과 분쟁이 심각하게 벌어졌던 곳이었다. 좀 더 좋은 조업 지점을 차지하기 위해 늘 서로 경쟁했다. 하지만 이 경쟁은 서로 손실을 입히는 결과를 가져왔다. 수산자원은 급격하게 고갈되어 갔고 조업 비용은 점점 올라갔다.

이에 지역 조합원들은 해결 방안을 모색하기 시작했다. 그리고 뜻밖에 아주 새로운 시도가 이루어졌다. 곧 어부들에게 차례로 조업 구역을 배정하는 운영 시스템을 도입해 보자는 제안이었다. 이 시스템은 10년이 넘는 시행착오를 거쳐 지역에 완전히 정착되었고 그 결과는 성공적이었다. 시스템의 내용을 요약하면 대략 이렇다.

- 매년 조업을 하는 모든 어부의 명단을 작성한다.
- 어부들이 선호하는 조업 구역을 표시하고 목록을 작성한다.
- 모든 조업 구역은 매일 돌아가면서 모든 어부에게 공평하게 배정된다.
- 조업 구역과 배정 순서는 매년 새로 짠다.

이 시스템에서 알라니아 어부들은 최적의 조업을 할 수 있게 되었다. 조업 구역이 정해져 있으니 시간과 공간을 충분히 활용할 수 있다. 무엇보다 누구나 돌아가면서 가장 좋은 조업 구역에서 작업할 수 있어 서로 경쟁

터키의 휴양지로 이름이 높은 알라니아는
공동체 자치 관리 시스템을 자발적으로 운영하고 있다.

할 필요가 없다. 그렇기에 금어기와 금지 어구 등 정해 놓은 규정들도 철저히 지킨다. 모두가 지역 사정에 훤하기 때문에 물고기 떼가 언제 어디로 이동하는지 잘 알고 있다. 만약 정해 놓은 규정이 현실과 다른 부분이 있거나 불공평한 부분이 있으면 언제든 이의를 제기하고 다시 협의를 거쳐 수정한다.

어부들은 자발적으로 감시와 모니터링도 한다. 서로 협력을 유지하면 지속가능한 이득을 얻게 된다는 것을 몸소 체험한 것이다. 물론 이곳에도 가끔 배신자가 등장한다. 하지만 소소한 위반 행위들은 동네 찻집에서 주기적으로 갖는 어부들의 모임을 거쳐 큰 어려움 없이 해결한다. 평판 시스템이 통제 기능을 하는 것이다.

알라니아 어부들이 자발적으로 만든 이 시스템은 일종의 공동체 자치 관리 시스템이다. 오스트럼은 정부가 직접 나서서 시스템을 구축하고 통제하는 것보다 지역에서 자발적으로 할 수 있는 권한을 부여하는 게 훨씬 효과적이라고 주장한다. 만약 정부 주도로 진행된다면 현지 사정을 반영하지 못할뿐더러 관리 비용도 엄청나게 들어갈 것이기 때문이다.

오스트럼은 알라니아처럼 성공적으로 공유자원을 관리한 사례에서 여덟 가지 공통점을 추려내었다.

첫째, 공유자원에 대해 정의하고 누가 이것을 사용할 수 있는지 확정하여 권리를 부여한다.

만약 당사자들이 열심히 관리했는데 정당한 권리를 행사할 수 없다면 공유자원은 외부인들에게 착취당할 수도 있다. 공유자원 관리를 위해 기여한 사람이 그 보상을 가져가야 한다는 의미이다. 만약 그러한 보장이 없다면 공공재 게임처럼 점점 참여도가 떨어지게 될 것이다.

둘째, 효율적인 규칙과 시스템이 있어야 한다.

자원을 이용하려면 시간, 공간, 기술, 수량 등에 대한 구체적인 제한이 있어야 한다. 하지만 정부에서 중앙 통제방식으로 이러한 체계를 모든 지역에 적용할 수는 없다. 자원을 효율적으로 관리하려면 그 지역 현실에 맞는 규제가 필요하기 때문이다. 그리고 적합한지 그렇지 않은지 측정할 수 있는 기준이 있어야 한다.

셋째, 구성원들이 참여해야 한다.

규칙을 정하고 실행하는 과정에 반드시 구성원들이 참여해야 한다. 그래야 규칙과 상황 속에서 상호작용하는 사람들이 그 지역 여건에 맞게 시스템을 수정해 나갈 수 있다.

넷째, 모니터링 활동이다.

평판을 통해 자연스럽게 규칙 준수를 이끈다고 해도 체계적인 감시 방안과 점검 절차가 필요하다. 이러한 시스템을 통해 구성원들이 좀 더 안정적으로 규칙을 준수하게 한다.

다섯째, 점증적 제재이다.

시스템이 공정성을 유지하려면 모든 구성원이 규칙을 준수해야 한다. 따라서 위반자가 발생할 경우 이에 대한 제재가 불가피하다. 점증적이라는 것은 점점 커진다는 의미이다. 범죄자를 다룰 때도 초범일 경우 훈방조치하고 재범일 경우 가중처벌이 적용되듯이 공동체 구성원들 사이에도 양해할 수 있게 위반자에 대한 제재를 단계별로 체계화하는 것이 필요하다.

여섯째, 갈등 조정의 장이다.

공유자원을 사용하는 구성원들 사이에서 발생하는 분쟁을 해결하기 위해 지역 수준에서 갈등 해소 기구가 있어야 한다. 이는 협의체를 구성하여 공개적으로 진행할 수도 있고 구성원 지도자가 조정할 수도 있다.

일곱 번째, 자치권 보장이다.

구성원들은 공유자원의 자치적 관리를 위해 시스템을 마련한다. 그리고 시행착오를 거쳐 시스템을 개선하고 세부적인 규칙을 정한다. 정부에서 이러한 규칙과 구성원들의 권리를 합법적으로 보장해 준다면 시스템은 매우 안정성 있게 운영될 것이다. 만약 정부가 정한 규칙만 합법적으로 인정하고 지역 구성원들이 자체적으로 정한 규칙은 인정되지 않는다면 공유자원 관리 시스템은 오래 유지되기가 어려울 것이라고 오스트럼은 경고한다. 그 지역 공동체에서 만든 시스템에 불만을 가진 사람이 정부의 관련 부서로 찾아가 그 규칙을 무효화할 수도 있기 때문이다.

여덟 번째, 적정 규모의 조직화이다.

어촌계와 같은 지역 공동체가 될 수도 있고 어업조합처럼 업종 종사자들의 연합체가 될 수도 있다. 지속가능한 공유자원 이용, 이와 관련한 계획 수립과 실행, 모니터링, 갈등 해결 등 효율적인 시스템 운영과 관리를 위해서 조직 규모가 적당해야 한다. 조직 규모가 너무 작으면 시스템을 운영할 수가 없고, 조직 규모가 너무 크면 비용이 많이 들기 때문이다.

오스트럼은 지역 공동체에서 만든 공유자원 관리 시스템을 효율적으로 운영하기 위해서는 거버넌스(governance, 공동의 목표를 달성하기 위하여 주어진 자원 제약 아래에서 모든 이해관계자들이 책임감을 가지고 투명하게 의사결정을 수행할 수 있게 하는 여러 장치)의 역할이 중요하다고 말한다. 사회, 경제, 정치 그리고 제도, 관례, 규범, 권력, 윤리 수많은 영역과 가치가 복잡하게 얽혀 있는 활동들을 조정하려면 여러 이해관계자들과 상호작용할 수 있는 거버넌스가 반드시 필요하다.

02

지속가능한 어업

공유자원을 위한 공동의 노력

터키의 알라니아 어부들의 성공 사례처럼 공유자원 관리를 위해 어촌계나 어업조합과 같은 지역 공동체를 중심으로 어부들이 협력한다면 지속가능한 어업을 실현하는 것은 어려운 일이 아니다. 하지만 대부분의 어부들은 협력보다는 단기적인 이득을 선택한다.

바다에 물고기가 고갈되고 있어도 그저 남들보다 조금이라도 더 잡으면 되는 것이다. 어린 물고기라도 남이 가져가면 무조건 손해다. 헐값에 팔더라도 내가 잡아야 한다. 고갈된 바다에는 어느새 다시 어선들로 가득 찬다. 공유의 비극이 다시 반복되는 것이다.

그런데 지역 공동체에서 협력적으로 공유자원을 관리하더라도 문제가 발생할 수 있다. 자원관리를 한다 해도 물고기들이 조업할 수 없는 다른 지역으로 이동할 수 있고, 애써 관리한 수산자원을 외지나 외국 어선들이 가로챌 수도 있기 때문이다. 그들은 공동체의 구성원도 아니어서 갈등 해소를 위해 논의하는 일도 쉽지 않다. 이런 문제는 공해까지 확산된다.

그래서 국제적으로 발생하는 문제들을 해결하기 위해 1982년 「유엔해양법협약United Nations Covention on the Law of the Sea, UNCLOS」이 체결되었다. 지역을 초월하는 수산자원 관리와 해양 환경보호를 위해 세계 각국이 머리를 맞댄 것이다. 1995년에는 「유엔공해어업협정United Nations Fish Stocks Agreement, UNFSA」이 체결되었다. 공해에서 일어나는 공유지의 비극을 막기 위해 수산자원 관리 거버넌스가 더 확대된 것이다.

이 과정에서 UN FAO는 지속가능한 어업제도의 틀이 되는 '책임 있는 어업을 위한 행동 규범(Code of Conduct for Responsible Fishing)'과 '바다에서 어획되는 수산물에 적용되는 에코라벨링 지침(Guidelines for the Ecolabelling of Fish and Fishery Products from Marine Capture Fisheries)'을 제정했다.

책임 있는 어업을 위한 행동 규범에는 지속가능한 어업 실현을 위한 수산자원의 보존과 관리, 개발에 관한 원칙과 기준을 제시하고 있다. 그리고 에코라벨링(환경마크 제도) 지침에서 어업 평가를 위한 방법을 구체적으로 제시하면서 공정한 평가를 위해 객관성과 투명성을 유지할 것을 권고한다. 또한 과학적 데이터와 증거자료의 수집, 이해관계자와의 협의와 절차 등이 반드시 평가에 반영될 수 있도록 하고 있다.

지속가능한 어업을 위한 체제

대구 고갈로 위기를 맞게 된 북해 어장에서는 스코틀랜드 어부들을 중심으로 지속가능한 어업이 시작되었다. 수산과학자들이 제공한 데이터를 기반으로 어획량을 정했고 자발적 감시를 위해 CC-TV와 원격 모니터링 시스템을 어선에 도입했다. 더불어 광범위한 산란장을 보호구역으로 지정하여 조업을 금지하고 어린 대구가 어획되는 것을 막기 위해 그물을 새로 개발했다.

북해 연안국인 영국, 노르웨이, EU 수산위원회에서는 2009년 '대구 자원회복계획(Cod Recovery Plan)'을 출범하고 범정부적인 차원에서 지원했다. 덴마크, 스웨덴 등의 어부들도 참여하기 시작했고, 연간 어획량도 더 감축되었다.

북해 연안국 어부들은 어장 폐쇄라는 공유의 비극을 막기 위해 많은 시간과 비용, 노력을 투자했다. 그 과정에서 지속가능한 어업에 대한 인식이 점점 더 어부들에게 확산되었다. NGO(Non-Governmental Organization)들과 지속적인 교류를 통해 수산자원이 지속가능하려면 생명 다양성 유지가 중요하다는 사실

지속가능한 어업에는 수산자원뿐만 아니라
생명 다양성 유지가 중요하다.

도 깨닫게 되었다. 최대한 혼획을 줄이고 목표 어종만 잡을 수 있도록 대학과 공동 연구를 추진하고 어획 방법과 어구를 개선했다.

또한 서식지와 생태계 파괴를 최소화하기 위해 저서환경을 분석하고 민감한 곳은 조업을 피했다. 소비자단체들은 환경단체와 손을 잡고 소비자들이 고갈 어종에 대해 인식할 수 있도록 교육하고 책임 있는 소비를 할 수 있게 안내했다. 대형마트와 식품회사들도 동참했다. 지속가능한 구매 방침을 세우고 고갈 어종이나 불법 어획된 것이 소비자에게 공급되지 않도록 원천적으로 차단했다.

그동안 그저 저렴하게 구입했을 뿐 어떤 문제들이 있었는지 몰랐던 소비자들은 이제 원인을 알고 그 책임에 공감했다. 대구가 고갈되었기 때문에 소비자들은 대구 구매를 자제했다. 대신 자원량이 많은 다른 생선을 구매했다. 시장에서 어린 대구는 더 이상 팔지 않았다. 그 결과 2017년 북해 대구 자원량은 2006년 대비 약 4배 증가하게 되었다.

지속가능한 어업 인증기구인 해양관리협의회(Marine Stewardship Council, MSC)는 북해 대구가 드디어 지속가능한 수준에 이르게 되었음을 선언했다. 지속가능한 어업을 실천한 스코틀랜드 어업(Scottish Fisheries Sustainable Accreditation Group, SFSAG)은 2017년 7월에 북해 대구에 대한 MSC의 인증을 획득했다.

북해의 지속가능한 어업 실천 사례는 어업인을 비롯한 정부, 산업, 소비자, 과학자, NGO 등 넓고 다양한 이해관계자들의 협력 거버넌스를 통해 공유의 비극을 넘은 좋은 사례이다.

MSC 인증을 받은 북해의 대구 어업

현재 유럽 소비자들은 지속가능한 수산물을 구매해야 자신이 좋아하는 수산물을 계속 즐길 수 있다는 것을 당연하게 받아들인다. 어부들도 자신의 일터인 바다를 보전하고 소비자의 선택을 받는 수산물을 생산하기 위해 열심히 지속가능한 어업을 실천하고 있다.

어업과 환경단체의 협력

환경단체들도 어부들과 싸우는 대신 협력하기 시작했다. 국제자연보호협회(The Nature Conservancy)는 풍요로웠던 미국 서부 해안의 모로베이 어장이 마구잡이로 고갈 위기에 놓이자 이를 사전에 방지하기 위한 기금을 마련했다. 당시 약 1만 5000제곱킬로미터의 어류 서식지가 저인망어업으로 파괴되었는데 이곳을 해양보호지역으로 지정하기 위한 방안을 모색했다.

하지만 어부들에게 해양보호지역에서 물고기를 잡지 못하도록 캠페인을 벌이는 것은 쉬운 일이 아니었다. 차라리 지역 어부들에게 어업 허가권을 사들인 후 어선들을 폐기처분하는 것이 훨씬 효율적인 선택이라고 생각했다. 수산자원 고갈과 치열한 조업 경쟁으로 지칠 대로 지친 어부들도 차라리 허가권을 판 수익으로 다른 생업을 찾는 것이 훨씬 유리하다고 생각했기에 합의는 순조롭게 이루어졌다. 그 결과 국제자연보호협회는 미국 서해안에서 둘째가는 어업 허가권 소유주가 되었다.

어부들은 허가권을 매각하는 과정에서 자신들의 비밀 어장을 공개했고, 환경단체는 이를 토대로 보호구역을 정했다. 조업을 멈추자 해양생태계와 수산자원이 서서히 회복되기 시작했다. 어느 정도 시간이 지나자 이 지역은 다시 풍부한 어장이 되었다.

지속가능한 어업으로 수산자원과 해양생태계가 다시 살아난 모로베이

이 시점에서 국제자연보호협회는 한 가지 실험을 진행했다. 어부들에게 다시 허가권을 임대해 준 것이다. 대신 어부들은 지속가능한 어업을 실천하기 위한 규칙을 반드시 지켜야 했다. 어종과 크기를 제한하고, 통발과 낚시만 허용했다.

어부들은 처음에는 전혀 적응할 수 없었다. 잡은 물고기의 3분의 1은 다시 바다로 돌려보내야 했다. 예전 같으면 시장에 팔 수 있는 수백만 톤의 물고기를 자신의 손으로 다시 바다로 보내야 했던 것이다. 심지어 대부분 죽은 상태로 바다에 던져야 했다. 그러니 어부들 마음이 얼마나 속상했겠는가.

하지만 시간이 지날수록 극적인 개선이 일어났다. 점점 어린 물고기의 비율이 낮아졌고 혼획량이 줄어들었다. 지속가능한 어업에 익숙해진 어부들은 목표 어종을 효율적인 방식으로 잡기 시작했다. 더군다나 잡아 올린 생선들은 부두에 도착해도 거의 살아 있는 싱싱한 상태를 유지했다. 이런 일은 트롤어선으로는 불가능했다. 서식지 역할을 하는 산호와 해면체들도 더 이상 파괴되지 않았다.

기존에 이곳에서 트롤어선으로 잡은 은대구(Sablefish) 같은 어종은 킬로그램당 45센트에 팔렸다. 지속가능한 어업이 적용된 후 통발로 잡힌 은대구는 부두에서 바로 실려가 킬로그램당 1.8달러에 팔렸다. 신선한 생선만 다루는 일식 레스토랑에 공급되었기 때문이다.

유기농 슈퍼마켓 같은 프리미엄 시장에 들어가는 품질 좋은 은대구는 킬로그램당 약 10달러에 팔렸다. 2006년 은대구는 지역 전체 어획량 중 거우 2퍼센트에 지나지 않았지만 전체 수입에서 30퍼센트 가까이 차지할 정도로 수익성이 높았다. 지속가능한 어업으로 고품질 소량 생산이 실현된 것이다. 록피시도 트롤어선으로 잡았을 때에는 킬로그램당 40센트를 겨우 받았지만 이제는 5달러 이상을 받는 고부가가치 수산물이 되었다.

모로베이의 지속가능한 어업을 지켜보던 주변 지역에서도 변화가 일어나기 시작했다. 이러한 방식은 캘리포니아 연안을 따라 전역으로 퍼져나갔다. 지금은 미국 서부의 많은 어민들이 지속가능한 어업에 참여하고 있다. 환경단체와 어업 종사자가 손을 잡은 지 3년 후인 2008~2009년 사이에 미국의 지속가능한 수산물 시장이 50퍼센트 이상 성장했다. 금액으로 환산하면 15억 달러 규모에 이른다.

월마트나 코스트코, 홀푸드 같은 미국의 대형마트들도 이러한 변화에 동참했다. 유럽의 대형마트처럼 환경보호와 책임 있는 수산물 공급을 위한 정책과 기준을 마련하고, 이를 실천하기 위해 환경단체들과 손을 잡았다. 모로베이의 어부들과 같이 지속가능한 어업을 실천하는 어업 종사자들도 더불어 성장했다.

사실 어업 종사자들이 환경단체와 함께 일하는 것은 그리 쉬운 선택은 아니다. 하지만 지속가능한 어업은 다양한 이해관계자의 참여가 필요하다. 그래서 협업을 위한 원동력과 발판이 필요한 것이다. 고부가가치 시장은 어업과 소비시장을 이어주는 징검다리 같은 역할을 한다. 특히 어부들이 자발적으로 지속가능한 어업에 참여하게 되는 강력한 동기가 된다.

NGO는 소비자들이 환경에 대해 문제의식을 가지고 지속가능한 수산물 소비를 실천할 수 있도록 돕는다. 과학자들은 자원관리와 어획 방식이 효율적으로 이루어질 수 있도록 과학적인 정보와 개선 방법을 제공한다. 정부의 지원도 중요한 부분이다. 특히 해양환경 조사와 수산자원 정보 분석은 워낙 광범위해서 지역 공동체 수준에서는 진행하기 어렵다. 따라서 정부와 과학자, 국제기구 등과의 협업으로 정보를 수집할 수 있는 방안이 모색되어야 한다.

국제자연보호협회는 모로베이의 어민들이 데이터를 직접 입력할 수 있도록 정부와 협업했다. 정부는 어민들이 서로 실시간 정보를 공유할 수 있게 이캐치(eCatch)라는 프로그램을 도입했다. 이캐치에 선장들은 자신들이 무엇을 어디서 잡았는지 입력한다. 이렇게 입력된 데이터는 어민과 정부가 함께 공유한다.

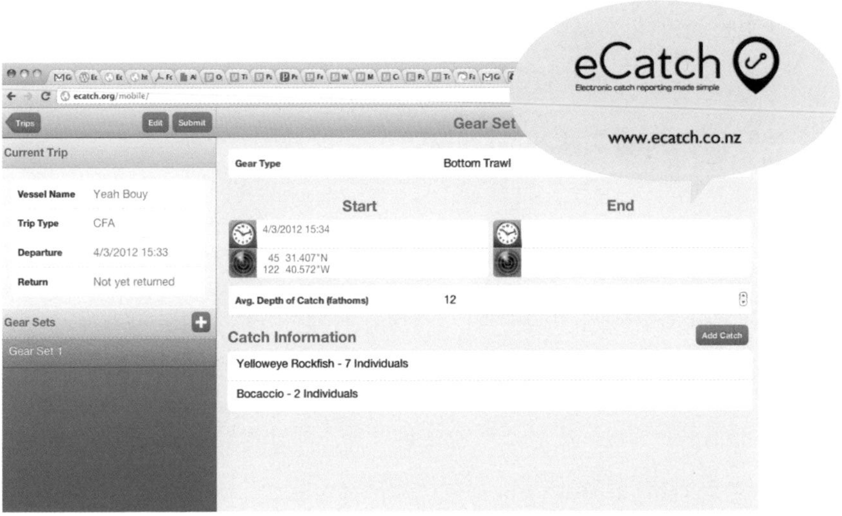

어민들이 자료를 직접 입력하고
서로 실시간 정보를 공유하는 이캐치 프로그램

예전에는 이러한 정보가 일종의 노하우였고, 공개하는 것을 꺼렸다. 하지만 모두가 협력하지 않으면 공동으로 사용해야 할 양질의 데이터를 얻을 수 없다는 것을 알기에 세부적인 내용까지 정확하게 공유하려고 노력한다. 이러한 데이터를 통해 고갈되고 있는 어류와 그 서식지는 보호될 것이다. 그리고 어획량도 실시간 확인되기 때문에 다른 어선이 남긴 어획 할당량을 매입할 수도 있다. 양질의 데이터라는 공공재를 통해 모두가 이익을 얻게 되는 것이다.

공유의 비극과 공공재 딜레마를 극복한 모로베이의 어민들은 공동체 할당기금(Community Quota Fund)도 만들었다. 이러한 기금은 어업 면허와 허가를 관리하고 지역 공동체와 환경단체 등 이해관계자들을 한자리에 모으는 역할을 한다. 협력적 거버넌스를 기반으로 한 공유자원 관리가 실현된 것이다.

해양 관리를 위한 거버넌스, MSC

1990년대 중반 세계의 주요 어장들이 하나씩 붕괴되어 가던 시점, 이 문제의 심각성을 국제사회에 알리던 세계자연기금(World Wide Fund For Nature, WWF)은 세계에서 가장 큰 냉동수산물 유통회사 유니레버(Unilever)와 협약을 맺고 본격적인 해결 방안을 모색했다. 그리고 한 국가의 정부가 지닌 한계를 넘어 세계의 여러 전문가와 이해관계자가 수산자원 관리에 참여할 수 있는 거버넌스를 구성하기로 합의했다. 이것이 국제 비영리단체인 해양관리협의회(Marine Stewardship Council, MSC)의 설립 배경이다.

평소 이 문제에 깊은 관심을 가졌던 세계의 수산과학자와 전문가들이 하나둘씩 영국 런던으로 모여들었고, 1996년 드디어 MSC가 설립되었다. 그리고 지속가능한 어업 참고서 역할을 할 수 있는 표준(standard) 제정 작업에 들어갔다.

FAO의 '책임 있는 어업을 위한 행동 규범'에 따라 고안된 MSC 어업 표준은 크게 세 가지 원칙으로 구성되어 있다. 첫째, 어장은 지속가능한 수준으로 자원량을 유지해야 하고, 둘째, 어업은 환경 파괴를 최소화해야 한다. 셋째, 이해관계자들의 참여를 토대로 지속가능한 어업이 효과적으로 관리되어야 한다.

이 세 가지 원칙을 준수하려면 먼저 어장에 수산자원량의 수준이 지속가능한 수준인지 파악해야 한다. 그렇게 하기 위해서는 과학적인 데이터가 필요하다. 그래서 정부와 연구기관의 협력이 필요한 것이다.

자원량 수준에 따라 어획량을 적절하게 정해야 하고 어민들은 이를 준수하기 위해 어떤 노력을 하고 있는지 증명해야 한다. 그리고 해양생태계 파괴를 최소화하기 위해 혼획을 방지하고 멸종위기종과 산란지, 서식지 보호를 위한 어업 방식을 채택하고 있는지 제시해야 한다.

무엇보다 협의체 문화가 필요하다. 현지 사정에 맞게 자발적으로 정한 규칙이 정말 지속가능한 어업을 위한 것인지 설명할 수 있어야 한다. 그리고 정부에서 정한 법규와 괴리가 없는지, 환경단체가 요구하는 사항과 대치되는 상황이 없는지, 이해관계자들의 참여가 이루어지고 있는지 등을 증명해야 한다. 또한 지역 공동체와 협력관계 유지도 필요하다. 아무리 잘 관리해도 무임승차자들이 많으면 결국 공유자원은 파괴되어 버리기 때문이다.

이렇게 복잡하게 얽혀 있는 이해관계와 갈등을 조정하며, 체계적이고 효과적으로 공유자원을 관리할 수 있도록 MSC 표준의 요구사항이 설계되었다. MSC 표준은 5년마다 개정된다. 개정을 위해 MSC는 전 세계 전문가들과 이해관계자들을 공개 워크숍에 초대한다. 세계 각지의 변화하는 환경과 어업 상황을 반영하기 위해 개정 과정은 투명하고 공정하게 이루어지고 있다. 이렇게 개정된 표준은 세계 여러 전문가들과 이해관계자의 검토를 거쳐 최종 발간된다.

이런 방식으로 온·오프라인으로 열리는 세미나와 워크숍은 MSC 표준이 전 세계에 보편적으로 적용될 수 있도록 서로 정보를 공유하고 의견을 나누는 중요한 장이다.

MSC는 지속가능한 어업 표준을 준수한 수산물들이 유통·가공 단계에서 다른 원료와 섞이거나 바뀌치기 당하지 않도록 이력추적제(농산물, 축산물, 공산품 따위가 생산된 내력이나 그 자취를 더듬어 가는 제도) 개념인 CoC(Chain of Custody) 표준도 제정했다. 수산식품 기업들은 CoC 인증을 통해 자사 제품의 부가가치를 높임과 동시에 지속가능한 어업에도 동참하게 된다.

이렇듯 이력추적 관리가 된 제품에는 MSC의 품질 인증 마크인 에코라벨(eco-label, 환경 마크)을 붙일 수 있다. MSC 에코라벨은 소비자들이 책임 있는 구매를 할 수 있게 도와주며, 이러한 소비 방식은 수산자원 보호와 지속가능한 수산물 확산에 큰 영향을 준다.

MSC 인증제도는 FAO의 '에코라벨링 지침'을 토대로 설계된 독립적인 3자 인증제도이다. 사실 MSC는 표준의 제·개정에 직접 참여하지만 어업을 평가하는 작업에는 관여하지 않는다. 이 작업은 각 국가에 소속된 인증기관이나 심사전문기관에서 진행한다.

인증기관이 MSC 표준으로 어업을 평가하려면 국제인정기구에서 자격을 승인받아야 한다. 공정하고 객관적인 심사가 이루어지도록 이런 식으로 다중의 안전장치를 마련해 놓은 것이다. 어민들은 MSC 인증을 받기 위해 표준을 공부하고 실행하는 과정에서 지속가능한 어업을 실천하게

MSC는 FAO의 '에코라벨링 지침'을 토대로 설계된 독립적인 3자 인증제도이다.

된다. 또한 어업을 평가할 때 수산전문가와 정부, 국제기구, 환경단체 등 다양한 이해관계자가 함께 참여하면 자연스럽게 거버넌스를 형성할 수 있다. 평가 결과는 공개를 원칙으로 하며, 평가 후 갈등 조정이나 개선 방안 마련에도 많은 도움을 준다.

MSC는 지속가능한 수산물 소비에 대한 홍보 활동도 활발히 하고 있다. 유명한 요리사들과 유명 인사들이 여기에 동참하고 있다. 학교 환경교육과 연계한 피시 앤 키즈(Fish & Kids) 프로그램도 15년 전통을 자랑하고 있다.

또한 전 세계 주요 수산엑스포 MSC의 부스에서는 생산자와 구매자가 서로 지속가능한 수산물에 관한 정보를 교류하고 계약을 맺는다. MSC는 새로 인증에 도전하는 어업을 찾아내고 이를 사려는 구매자를 소개해 줌으로써 시장의 활성화에 기여한다.

매년 유명 기부단체에서 개발도상국의 어업 개선을 위해 MSC에 기금을 지원하고 있다. 한국에서도 통영 굴 개선을 위한 NGO에 MSC의 기금을 사용하고 있다. 이러한 기부금으로 MSC 장학 프로그램을 운영하고 있다. 아프리카의 수산대학의 학생부터 하버드 경영대학원생까지 지속가능한 어업 개선에 관심이 있는 학생들이 매년 MSC 장학 프로그램을 활용하여 연구를 진행하고 있다.

이처럼 MSC는 지속가능한 어업 활동을 정착시키기 위해 생산, 유통, 소비 전 단계에서 가치사슬이 만들어질 수 있도록 노력하고 있다. 또한 협력적 거버넌스를 유지하기 위해 다양한 이해관계자들과 소통하고 있다.

현재 전 세계 수산물의 16퍼센트 정도가 MSC 인증 수산물이다. UN과

FAO에서도 수산 부문의 SDGs(Sustainable Development Goals, 지속가능 발전목표)를 갖추려면 MSC 인증을 취득하라고 권고하고 있다. MSC 인증제도가 지속가능한 어업을 위한 완벽한 해답이라고 말할 수는 없다. 인증은 수단이지 목적이 아니기 때문이다. 하지만 MSC는 공유의 비극을 넘어서기 위한 해답을 찾기에 좋은 수단이 될 수 있다.

지속가능한 어업을 위한 우리나라의 제도들

우리나라는 「수산자원보호령」에 따라 금어기, 금지 체장, 조업 금지 구역, 어업별 그물코 제한, 허가 척수 제한 등을 지정하고 관리한다. 국제법상 영해와 배타적 경제수역의 수산자원은 국가에서 관리하는 것을 원칙으로 하기 때문이다. 정부에서는 수산자원을 관리하고 보존하기 위해 TAC(총허용 어획량, Total Allowable Catch)을 정한다. 특정 어종의 수산자원량을 먼저 조사한 후 1년에 잡을 수 있는 총량을 정하고 그 이상 어획하지 못하도록 규제하는 것이다.

TAC를 도입하기 위해서는 많은 조사가 필요하다. 이에 어떤 어업이 어느 시기에 어느 해역에서 어떤 크기의 물고기를 얼마나 잡는가에 관한 조사가 이루어진다. 또한 산란 시기, 산란량, 산란 장소, 연간 성장률 등 그 어종에 관한 생태학적 정보도 수집해야 한다. 이러한 과학적인 데이터를 기반으로 수산자원량을 예측하고 평가하여 TAC를 정한다. 그렇게 정해진 TAC는 어업, 정부, 과학자 등으로 이루어진 TAC 조정위원회 검토를 거쳐 최종 발표된다.

우리나라 정부는 어업 공동체가 자치적으로 지속가능한 어업을 실현할 수 있도록 자율관리어업을 지원하고 있다. 어업 관리에 관한 기본적인 규제는 국가에서 정한 법을 따라야 하겠지만 관리 목표나 지침, 방안들은 지역 특성에 맞게 어업인의 자율에 맡기겠다는 것이다. 하지만 현재 우리나라의 자율관리어업은 그다지 성공적이라고 볼 수 없다. 유인책으로 사용된 지원금을 받기 위해 형식적으로만 접근했던 탓에 진정한 협력적 거버넌스가 뿌리 깊이 자리 잡지 못했다. 그래서 지원금이 중단되면 자율관리어업도 중단되어 버리는 결과를 얻게 된 것이다.

MPA(Marine Protected Area, 해양보호구역)는 바다, 조간대, 해저와 그 지역에 서식하는 생물, 역사·문화적 유산을 보호하기 위한 지역을 말한다. 보통 국가나 지자체에서 법과 제도를 통해 관리한다.

우리나라는 MPA를 해양생물보호구역, 해양생태계보호구역, 해양경관보호구역, 연안·습지보호구역으로 나누고 있다. 해양생물보호구역은 멸종위기종처럼 보호대상인 해양생물을 위해 지정된 구역, 해양생태계보호구역은 해양생태계가 서식지·산란지로 뛰어나거나 한번 파괴되면 복원이 어려울 정도로 취약하거나 생물 다양성이 풍부한 곳을 보호하기 위해 지정한 구역을 의미한다. 해양경관보호구역은 산호초, 해초처럼 해저경관이 아름다워 가치가 높거나 해안 절벽과 같이 해상 경관이 멋진 곳을 보호하기 위해 지정된 구역을 뜻한다. 또한 연안·습지보호구역은 갯벌·하구와 같이 희귀종과 멸종위기종 등이 서식하는 곳을 보호하기 위해 지

해양보호구역 지정 현황도

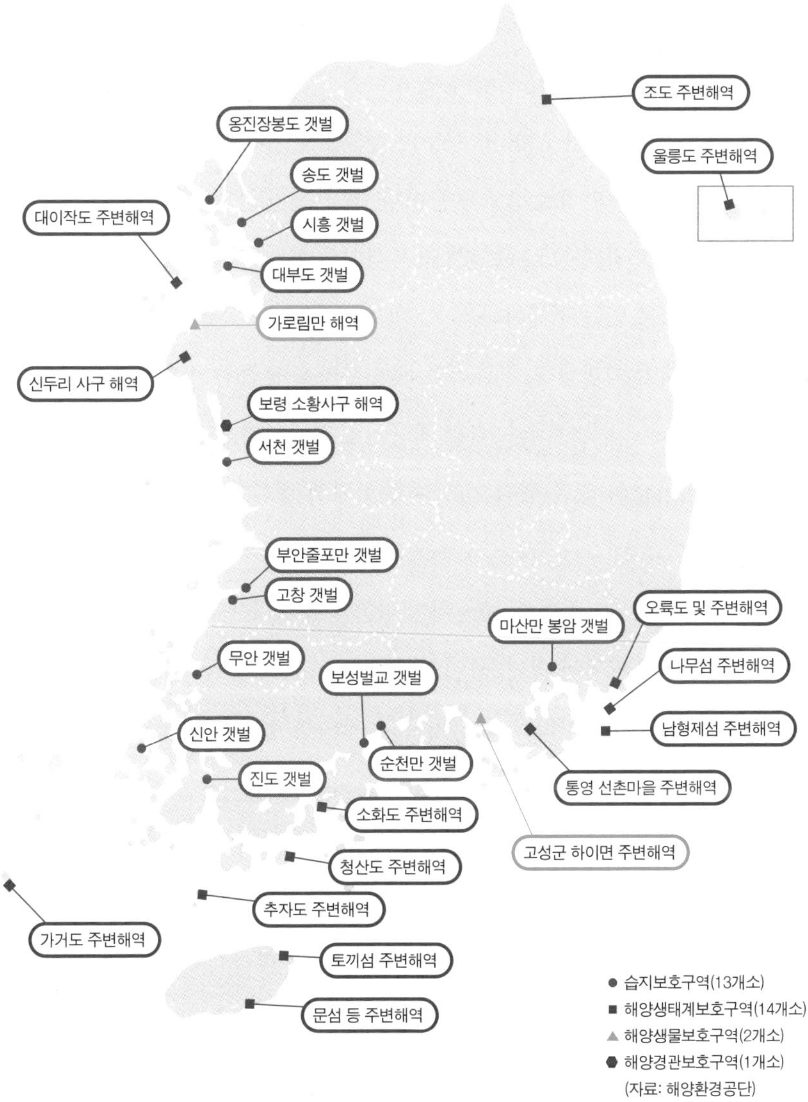

정되었다.

우리나라는 2020년 현재 30곳을 MPA로 지정하여 관리하고 있다. 해양생물보호구역 2곳, 해양생태보호구역 14곳, 해양경관보호구역 1곳, 연안·습지보호구역이 13곳이다.

세계에는 약 1만 7000곳 정도가 해양보호구역으로 지정되어 있다. 전체 해역의 7~8퍼센트 정도 수준이다. 최근 들어 급격히 늘어나는 해양 개발과 자원 이용 등으로 해양생물 서식지와 산란지가 파괴되고 있어 점점 더 늘어나고 있는 추세이다.

생태계에 기반한 자원관리와 해양지역을 보존하기 위해 LMEs(Large Marine Ecosystems, 광역 해양생태계) 개념이 도입되었다. LMEs는 20만 제곱킬로미터 이상의 넓은 해역으로 강 하구에서 대륙붕, 대양까지 이어진다. NOAA(National Oceanic and Atmospheric Administration, 미국 해양대기관리처)에서 고안한 LMEs는 현재 총 66구역이 등록되어 있다. 여기에는 세계 어장 95퍼센트가 포함되어 있다. 총어획량의 90퍼센트가 이곳에서 이루어지고 있고, 매년 12조 6000억 달러의 경제 가치를 창출한다. 우리나라 해역은 서해(황해)와 동해(일본해)가 LMEs로 등록되어 있다.

LMEs는 수천만 명이 살아가는 연안을 끼고 있어 해양생물뿐 아니라 사회경제적으로 중요한 개념이다. 또한 개발이 진행된 곳이 많아 해양오염, 남획, 서식지 파괴 등의 위험에 노출되어 있다. 따라서 해양오염을 줄이고 고갈된 어류 개체수와 서식지를 회복하기 위해 정부와 시민사회의 협력적 거버넌스가 필요하다. 지역의 과학자들은 국제 전문가와 협력하여 어

알아 보기

LMEs를 평가하고 해석할 수 있는 과학적인 정보와 체계화된 지식을 적용하기 위해 생산성(Productivity), 어류 및 어업(Fish and Fisheries), 오염 및 생태계 건강성(Pollution and Ecosystem Health), 사회경제성(Socioeconomic), 거버넌스(Governance) 등 다섯 가지 지표가 개발되었다.

첫째, 생산성(Productivity) 파악: 식물플랑크톤과 동물플랑크톤의 생물 다양성, 생체량, 광합성 활력도 등을 측정한다. 감지기(sensor)를 선박 바닥에 부착하거나 부이를 띄워 이러한 정보를 수집하며 온도, 염분 같은 수층의 물리적 변화와 생산성 변화를 정량적으로 기록한다.

둘째, 어류와 어업 평가: 어·패류, 갑각류 등의 생물 다양성을 조사한다. 어장과 잠재적 어장을 조사하고 어종의 변화, 번식력 등을 추적한다. 어류의 생물 다양성과 크기, 습성 등의 변화를 평가하기 위해 음파 탐지기를 사용하거나 저층 트롤로 바닥 상태를 조사하기도 한다.

셋째, 오염 정도와 생태계 건강성 파악: 생물 독성, 부영양화, 해양생물의 질병 변화 등을 측정한다. 건강한 생태계는 상대적으로 대사활동 수준과 구조가 일정해야 하며 일정기간이 지나도 크게 변하지 않아야 한다. 생태계의 건강성은 개체군과 종 수준에서 평가된다. 오염물질의 생물 축적, 유해조류 발생, 질병의 발생 빈도, 수층의 수질, 생식 능력 등 생태계 전반에 걸쳐 관찰한다.

넷째, 사회경제성 측정: 여기에는 통합적인 접근이 필요하다. 생태계 관리를 위한 과학적 관리 비용과 지속가능성에 따른 사회경제적 효과를 비교 평가할 수 있는 방안이 필요하다. 그리고 이러한 노력이 지역사회의 환경과 경제 모두에 이익이 될 수 있다는 것을 설명할 수 있어야 한다. 경영적 관점에서 실용적이고 비용면에서는 효율적이어야 의사결정에 영향을 주기 때문이다.

다섯째, 거버넌스 파악: 어업, 관광, 에너지와 환경 등 해양생태계와 관련한 모든 이해관계자가 관리계획에 참여해야 한다. 예를 들어 GEF(Global Environment Facility, 지구환경기금)는 환경, 수산업, 에너지, 관광 사이의 자원관리 협약을 마련하여 아프리카와 아시아 연안의 LMEs를 관리하는 데 많은 도움을 주고 있다. 참가국들은 자국 및 타국의 LMEs에 의존하는 어업과 기타 산업의 지속가능성을 확보하기 위해 지역 LMEs에 관한 지식과 자원을 공유한다.

장 환경과 어획량, 기후변화에 따른 여러 변화 등을 기록하고 분석한다. 이렇게 LMEs와 관련한 연구로 얻은 정보는 법과 정책을 개선하는 데 사용되고 있다.

광역 해양생태계(LMEs)

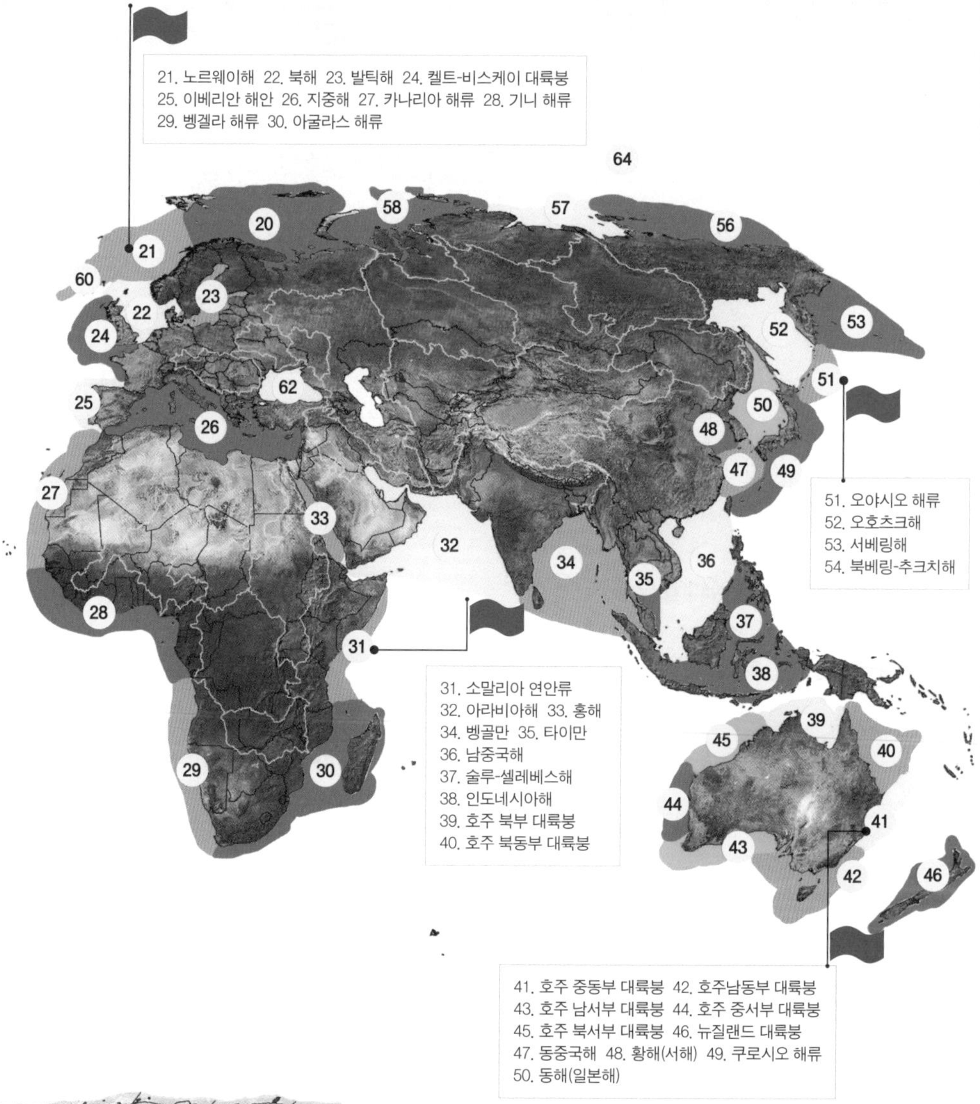

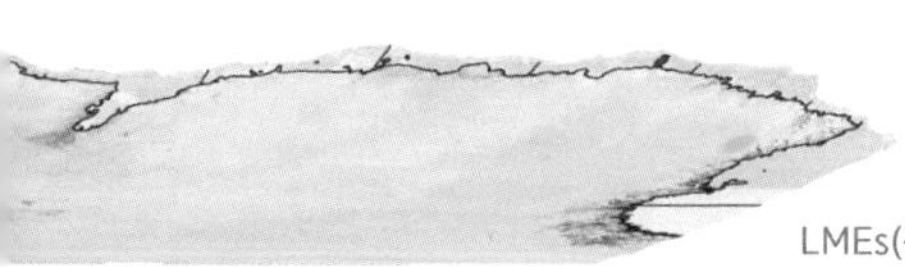

생태계에 기반한 자원관리와 해양지역 보존을 위한
LMEs(광역 해양생태계)는 모두 66구역이 등록되어 있다.(자료: NOAA)

03

책임 있는 수산물 소비

소비자 참여의 중요성

우리나라는 세계적으로 수산물 소비가 많은 나라이다. 현재 한국의 수산물 소비량은 1인당 연간 약 60킬로그램으로 세계 1위 수준이다. 회나 구이로 즐겨 먹는 생선을 비롯하여 게·새우 등의 갑각류, 가리비·홍합·굴 등의 조개류, 김·다시마·미역·톳 같은 바닷말류 등등 우리가 먹지 않는 수산물은 거의 없다.

우리 앞바다에서 잡히는 수산물은 대부분 우리 식탁으로 올라온다. 하지만 소비자들은 해양환경이 얼마나 나빠지고 있는지, 물고기가 얼마나 줄어들고 있는지 잘 알지 못한다. 불법 어획이나 마구잡이 같은 무분별한 어업으로 잡은 수산물에 대해서도 정보가 없다.

소비자가 수산물이 어떤 경로로 입수되고 가공되는지 알기란 쉽지 않다. 도·소매 유통, 가공업체, 식당 등에서도 이러한 문제에 대해 깊이 고민하지 않는다. 이러한 까닭으로 대형마트와 수산식품 가공업체는 소비자들의 관심이 아직 낮다고 판단하여 굳이 이러한 정보를 알릴 필요성을 못 느끼고 있다.

지속가능한 방식으로 잡은 수산물보다는 값싸고 상태가 좋은 것이 우선순위다. 소비자들은 정보와 인식 부족으로 어린 물고기를 사면서도 양심의 가책을 느끼지 않는다.

소비자가 책임 있는 수산물 소비를 하지 않으면 결국 지속가능한 어업활동을 한 어부들은 동력을 잃고 만다. 무책임하고 파괴적인 방법으로 어획해도 값싸고 상태만 좋으면 소비자들이 선택하기 때문이다. 하지만 이러한 소비행태는 해양생태계를 파괴하고 수산자원이 고갈되는 결과를 가져온다. 소비자들은 돌이킬 수 없을 때가 되어서야 자신의 잘못을 후회하게 될 것이다.

대구가 다 고갈되고 나서야 유럽 소비자들의 의식 수준이 높아지기 시작했다. 그전에는 바다에서 싱싱한 물고기와 해산물이 끊임없이 나오리라 생각했다. 하지만 1990년대 중반 시장에서 대구를 구입할 수 없자 사람들은 그 이유에 대해 궁금해하기 시작했고, 마구잡이와 같은 무분별하고 무책임한 어업이 그 원인이라는 사실을 알게 되었다.

이 문제는 세상에 크게 알려졌고 충격을 받은 사람들은 드디어 소비에 대한 책임의식을 가지기 시작했다. 환경단체와 소비자단체도 소비자들이 올바른 선택을 할 수 있도록 정보를 제공하기 시작했고, 지속가능한 방식으로 어획된 수산물을 구매하도록 장려했다.

지속가능한 어업에 대해 소비자의 의식 수준이 높아지자 이러한 요구에 반응하기 위해 유통시장에서도 혁신이 일어났다. 테스코, 코스트코, 월마트, 까르푸 같은 세계 100여 곳이 넘는 국제적 대형마트들이 수산물 고갈에 대해 우려를 표명하고 안정적으로 지속가능한 수산물을 공급하겠다고 선언했다. 그리고 전체 공급사슬(원재료의 조달에서부터 완제품의 최종 소비에 이르기까지, 재화와 서비스 및 정보의 흐름이 이루어지는 연결망)에 지속가능한 수산물을 사용하라고 장려했다.

지속가능한 어업을 위한 에코라벨

NGO들은 소비자들이 판단할 수 있는 정보를 제공하기 위해 다양하게 노력하기 시작했다. 신호등 체계를 개발하여 어떤 것이 고갈 어종이고 어떤 것이 지속가능한 수산물인지 빨강·노랑·초록으로 표시하는 신호등 체계를 제시하고, 지속가능한 수산물 소비 안내책자를 펴내기도 했다. 그중 소비자가 가장 쉽게 선택할 수 있는 방법은 에코라벨 제품을 선택하는 것이다. 대표적인 예로 '돌고래 안전 라벨(Dolphin safe label)'과 'MSC 에코라벨'이 있다.

참치 캔에서 많이 볼 수 있는 돌고래 안전 라벨은 말 그대로 돌고래를 보호하기 위해 개발되었다. 참치들은 상어 떼와 피하기 위해 돌고래와 다니다. 그래서 사람들은 돌고래 떼가 보이면 트롤어법으로 참치를 잡았다. 이 과정에서 연간 돌고래가 수만 마리 희생되었다. 저인망에 들어간 돌고래가 빠져나오지 못해 익사한 것이다. 환경단체와 소비자들의 반발이 거세지자 일부 의식 있는 참치업체들이 돌고래를 보호하는 방식으로 잡은 참치만 공급하기로 결정했고, 이렇게 생산된 제품에 돌고래 안전 라벨을 붙이게 되었다.

지속가능한 수산물 인증 MSC 에코라벨

MSC 역시 엄격한 평가를 통과해 지속가능한 어업으로 인증된 어업에는 에코라벨을 부착할 수 있도록 허용하고 있다. 현재 100개국에 4만 개의 MSC 에코라벨이 유통되고 있는데 그 규모가 91억 달러 정도이다.

『총,균,쇠』의 저자로 유명한 미국의 생리학자 재러드(재레드) 다이아몬드(Jared Mason Diamond) 교수는 그의 또 다른 저서 『문명의 붕괴』에서 이러한 MSC의 확산에 대해 다음과 같이 말했다.

"인증제도를 어장에 적용하는 것이 어렵고, 확산하는 것도 매우 느릴 것으로 생각했는데 MSC는 예상보다 훨씬 빠른 속도로 난관을 이겨 내고 있어서 기꺼이 박수를 보내고 싶다."

미국의 월마트는 주요 고갈 어종과 참치 제품에 전량 MSC 에코라벨을 부착하도록 강하게 권고하고 있으며, 영국의 세인스버리, 독일의 리들, 알

유럽의 소비자들은 신선·가공·냉동 수산물 판매대에서 MSC 에코라벨을 쉽게 찾을 수 있다.

디 같은 유럽의 대형마트들에서 자연산 수산물은 100퍼센트 MSC 에코라벨만 유통하도록 구매 정책을 세웠다. 세계 100여 개 마트에서 최소 20~30퍼센트의 수산물을 MSC로 대체한다는 목표로 소비자와 함께 지속가능한 수산물 생태계를 이루어 가고 있다.

현재 유럽의 소비자들은 신선·가공·냉동 수산물 전 판매대에서 MSC 에코라벨 상품을 쉽게 찾을 수 있을 뿐만 아니라 구매하는 수산물의 정보를 확인할 수 있게 되었다. 소비자들은 MSC 에코라벨 제품을 구매함으로써 지속가능한 어업을 위한 노력에 동참한다.

지속가능한 수산물 소비는 유럽과 북미 소비자들에게는 이제 당연한 선택이 되었다. 불법 어획이나 마구잡이처럼 파괴적인 방식이나 무책임한 방식으로 어획된 수산물은 시장에서 외면당한다. 지속가능한 수산물에 대한 유통생태계가 이루어진 것이다.

일본과 중국에서도 지속가능한 수산물 시장이 점점 늘어나고 있다. 믿을 수 있는 수산물에 대한 선호도가 높아진 것이다. 불법 어획과 마구잡이로 시장에 나온 수산물에 높은 품질과 위생을 기대하기는 어렵다. 이러한 까닭으로 시장에서 이력추적이 가능한 에코라벨 제품이 소비자들의 신뢰를 받는 것이다.

알아
보기

올림픽과 지속가능한 수산물

올림픽에서도 적극적으로 지속가능한 수산물 구매운동에 동참하고 있다. 2012년 런던올림픽, 2016년 리우올림픽에서는 지속가능한 수산물에 대한 구매를 공식적으로 선언했다.

2013년 리우올림픽 조직위원회는 '2016년 리우올림픽 및 패럴림픽(장애인 올림픽)'에서 지속가능한 수산물을 공급하겠다고 선언했다. 올림픽 참가선수들과 미디어를 활용하여 지속가능한 수산물 에코라벨의 의미를 알렸고, 맥도날드와 같은 세계적인 브랜드와 공동 캠페인을 벌였다. 올림픽 기간 동안 지속가능한 어업을 위한 리우올림픽의 노력을 주제로 한 보도가 지속적으로 나갔다. 그 결과, 올림픽에 참가한 선수들과 관중은 지속가능한 수산물에 대해 인식하기 시작했고, MSC와 같은 지속가능한 수산물 약 75톤 정도가 올림픽 기간 동안 소비되었다. 런던올림픽에서도 40톤 이상의 지속가능한 수산물이 소비되었다. 이러한 올림픽의 기여는 지속가능한 수산물 소비와 어업 개선의 촉매제가 되어 실제적인 변화를 이끌어내는 데 중요한 역할을 한다.

일본에서도 MSC 에코라벨
판매대가 설치되어 있다.

세계적으로 영향력이 있는 글로벌 기업의 참여는 매우 큰 역할을 한다. 힐튼, 하얏트, 샹그릴라 같은 글로벌 호텔 체인에서도 전체 수산물의 30퍼센트를 MSC와 같은 지속가능한 수산물로 공급하겠다고 선언했다. 맥도날드 같은 패스트푸드 기업도 피시버거와 새우버거에 MSC 인증 수산물을 사용하고 MSC 에코라벨 부착을 의무화하고 있다. 호주에서 유통되는 참치 통조림 절반가량을 생산하는 존웨스트의 경우에는 97퍼센트의 제품에 MSC 에코라벨이 부착되어 있다. 글로벌 가구회사 이케아도 2014년부터 지속가능한 수산물을 판매하겠다고 선언하고 성실히 약속을 지키고 있다. 심지어 파나소닉처럼 수산업과 전혀 관련 없는 기업들도 직원 구내식당에 MSC CoC 인증을 받았고, 직원들과 수산자원 고갈에 대한 문제의식을 공유하고 있다.

기업들의 이러한 참여는 국제사회에서 성공적인 사회적 책임(CSR: Corporate Social Responsibility) 활동으로 인정받고 있다.

아무리 어업 종사자나 관련 산업 그리고 정부에서 수산자원 고갈을 방지하기 위해 노력한다 해도 소비자가 관심을 가지지 않는다면 지속가능한 수산물 유통생태계를 이룰 수 없다. 수요가 없는데 어떻게 공급이 계속 유지될까. 수산자원 고갈도 정부나 어업인들의 문제로 국한해서는 안 된다. 수산자원은 정부의 것도, 어업인들의 것도 아닌 우리 모두의 것이기 때문이다.

소비자 한 명 한 명이 자신이 좋아하는 수산물이 어떤 상황에 놓여 있는지 인식만 해도 시장은 변화하게 된다. 사람들이 관심을 가지기 시작하면 가치가 형성되고, 그 가치는 상품에 반영된다. 그렇게 되면 대형마트나 슈퍼마켓에서 자발적으로 어떤 수산물이 고갈 위기에 놓여 있는지 또는 지속가능한지 표기할 것이다. 소비자들이 에코라벨이 표시된 수산물을 선택하면 자연스럽게 지속가능한 어업이 유지될 수 있다.

우리나라도 이제 1인당 평균 소득 수준이 3만 달러에 근접하고 있다. 이제는 품격 있는 소비를 할 때가 되었다. 싼 가격 이면에 있는 문제들을 바라볼 수 있어야 한다. 지금 조기, 고등어, 오징어 같은 수산물들이 명태나 쥐치처럼 줄줄이 고갈 위기에 놓여 있다. 소비자가 지속가능한 수산물을 인식하지 않으면 지속가능한 어업은 결코 이루어질 수 없다.

04

미래 세대를 위하여

교육과 인식 개선

우리는 산업혁명 이후 다음 세대를 전혀 고려하지 않고 자원을 함부로 사용해 왔다. 기술과 문명이 발전할수록 자원 고갈은 더 빨라진다. 자원을 사용한 자리에는 파괴와 오염만 남는다. 이대로라면 다음 세대는 점점 더 나빠진 환경에서 살아가야 한다. 우리의 조금 더 편리한 삶을 위해 우리 후손들에게 희생을 요구하고 있는 것이다.

지금 우리는 소비문화의 정점에 있다. 어딜 가든 물건이 넘쳐난다. 어떤 것은 원료 값이 나올까 싶을 정도로 저렴하다. 물건이 워낙 흔하고 싸니까 조금만 상하면 가차 없이 버린다. 멀쩡한 옷들도 몇 번 입고 나면 지겹다는 이유로 재활용 수거함에 넣어 버린다. 뭔가 없어 보인다는 이유로 사람들은 더 이상 구멍 난 양말이나 옷을 실과 바늘로 꿰매 입지 않는다.

물건을 아끼는 것은 더 이상 미덕이 아니다. 소비가 미덕이다. 많이 사고 많이 버려야 경제가 돌아간다. 재구매가 이루어지기 때문이다. 구매 시간도 짧고 구매 방식도 너무나 간단하다. 스마트폰만 몇 번 누르면 물건이 집으로 배송된다.

소비 습관은 어렸을 때 형성된다고 한다. 습관, 가치, 선호 등은 대부분 어린 시절에 내면화되기 때문이다. 따라서 미래의 소비자가 될 아이들에게 이러한 문제를 일깨워 주는 교육이 매우 중요하다.

1977년 유네스코와 UNEP에서 주도한 「트빌리시 선언Tbilisi declaration」에서 66개국 대표들이 국가 교육프로그램에 환경교육을 포함할 것을 약속했다. 그 결과 유럽과 북미의 공교육에는 현재 환경교육이 정규과목으로 포함되어 있다. 전 교과 과정에서 환경과학과 환경문제를 통합했고 평생교육과도 연계하고 있다. 심지어 환경과목은 다른 교과목에 비해 우선순위도 더 높이 책정되어 있다.

특히 환경교육이 학교급식과 연계되면서 매우 좋은 효과를 얻었다. 우리가 먹는 음식과 환경이 밀접한 관계가 있기 때문이다. 아이들은 음식을 먹으면서 좋은 환경에서 건강한 음식이 나오고, 건강한 음식을 먹으면 몸도 건강해진다는 것을 직접 체험했다.

실제로 아이들은 그러한 급식에서 집중력과 학습효과를 높일 수 있다. 급식과 통합된 환경교육을 통해 자연스럽게 환경과 소비의 연결고리를 인식하게 되는 것이다. 무엇보다 학교급식은 지속가능한 수산물 공급사슬에서 매우 중요한 역할을 한다. 공공 구매, 구매 권한 등을 통해 급식 운영업체나 식자재 납품업체에 지속가능한 수산물을 쓰도록 직접적인 영향력을 행사할 수 있기 때문이다.

유럽의 학교들을 중심으로 이러한 프로그램이 확산되었다. 선생님과 학생들, 학부모와 교무직원들, 관련 공무원과 공급업체 등 학교급식과 연관된 모든 사람들을 프로그램에 참여하도록 독려했고, 환경교육을 통해 지속가능성의 중요성과 가치를 일깨워 주었다. 이러한 변화는 급식 문화에도 서서히 반영되었다.

이탈리아 로마에서 환경교육과 학교급식을 통합할 당시에는 약 15만 명의 아이들이 매일 150톤의 음식을 학교에서 소비하고 있었다. 한번에 모든 급식 체계를 바꾸기엔 무리가 있어 공급업체 선정 기준부터 개정하는 것으로 개혁을 시작했다. 이에 따라 지속가능, 친환경, 공정무역 인증 등을 통해 아이들에게 더 나은 먹거리를 제공하려는 업체에 새로운 기회가 생겼다. 자발적으로 지속가능한 소비문화 확산에 참여하던 기업들이 혜택을 받게 된 것이다.

로마시 교육당국에서는 새로 선정된 공급업체들이 지속가능성에 대한 중요성을 공유하고 그 가치를 급식 서비스에 반영할 수 있도록 정기적으로 좌담회를 열었다. 각 학교에서는 학부모로 구성된 구내식당위원회가 조직되었다. 위원회는 학생들에게 지속가능한 급식의 의미를 설명하고 아이들의 반응과 변화에 대한 의견을 제시했다. 또한 학교와 공급업체에 대한 감시자 역할도 했다.

오늘날 로마 시내 학교에 제공되는 먹거리의 70퍼센트 가까이가 유기농이고, 30퍼센트는 그 지역에서 생산된 식재료이다. 그중 15퍼센트는 지속가능, 친환경, 공정무역 인증을 받은 곳에서 생산한 식재료이다. 이러한 인증 역시 환경교육에서 지속가능한 생산의 의미와 가치를 전달하는 하나의 수단으로 활용되고 있다.

영국에서는 스코틀랜드 중부 이스트에이셔의 시골마을에서 급식 개혁이 일어났다. 2000년대 초반, 급식 관리자와 조리사 그리고 영양사를 위한 교육과정이 마련되었다. 생산자들이 이 수업에 참여해 급식에 사용되는 음식이 어디서 어떻게 생산되는지를 설명했고, 학부모뿐만 아니라 지역의회도 이 수업에 적극적으로 참여하기 시작했다. 그 결과 지역 생산물 구매가 활성화되었다. 원거리 구매가 70퍼센트 줄어들었고 포장 쓰레기도 감소했다.

소규모의 지역 공급자들은 새로운 시장 기회를 얻게 되었다. 학생들의 반응도 좋았다. 한 설문조사에 따르면, 67퍼센트의 학생들이 학교급식의 맛이 더 좋아졌다고 답했다. 그중 88퍼센트는 급식이 더 신선해져서 좋다고 했다. 뿐만 아니라 학부모의 77퍼센트가 이 제도를 통해 지방의회가 재정을 건전하게 사용하고 있다고 답했다.

이 사례는 외진 시골마을에서 학교급식을 통해 지속가능한 먹거리 공급사슬이 형성되었음을 보여 준다. 지속가능한 소비문화가 지역 생산과 유통에 새로운 물결을 일으킨 것이다. 이스트에이셔의 성공 사례를 지켜본 스코틀랜드 정부는 전 지역에 제공하는 학교급식을 다시 설계하기 위해

유럽을 비롯한 여러 나라에서 MSC 피시 앤 키즈
프로그램을 활용하여 환경교육을 실시하고 있다.

6350만 파운드(약 1억 4000만 달러)를 투자했다. 스코틀랜드의 학교에 환경교육과 급식문화가 통합되었고 식사의 질은 이전보다 훨씬 좋아졌다.

잉글랜드 북부에 위치한 더럼 교육청에도 2014년부터 관할 지역 217개 초등학교에 일주일에 한 번 이상 MSC 인증 수산물과 같은 지속가능한 수산물을 학교급식으로 제공할 것을 지시했다. 학생들은 지속가능한 어업과 책임 있는 수산물 소비를 식사를 통해 자연스럽게 인식하게 되었다.

MSC에서도 이러한 노력에 협력하기 위해 '피시 앤 키즈' 프로그램을 개발했다. 미래의 소비자인 아이들이 지속가능한 어업과 책임 있는 수산물 소비에 대해 좀 더 쉽게 이해할 수 있도록 교육 자료와 동영상을 학교에 제공하고 교육과정에 잘 반영할 수 있게 지원해 주었다.

현재 잉글랜드 전역으로 지속가능한 수산물 운동이 확산되어 영국 초등학교의 약 20퍼센트에 해당하는 3,000개 이상의 초등학교 식당에서 MSC CoC 인증을 받아 운영하고 있다.

MSC의 피시 앤 키즈 프로그램도 유럽 전역으로 확대되었고 호주, 남아프리카, 싱가포르, 말레이시아 등의 학교에서도 환경교육으로 활용하고 있다.

이러한 지속가능한 급식제도는 구매 권한이 있는 대학, 병원, 요양소, 군대, 교도소, 정부청사 같은 공공부문으로 확산되고 있다. 심지어 일반 기업의 구내식당에도 이러한 흐름이 이어지고 있다.

미국에서는 코넬대학교와 UC 버클리 같은 명문대학들이 지속가능한 수산에 대해 앞장섰다. 2014년 1월 미시건대학교가 처음으로 학교 식당에 MSC CoC 인증을 획득한 것을 시작으로 노트르담대학교 등 15개 이상의 대학도 MSC 지속가능한 수산 캠페인에 동참하고 있다. 학교 식당에서 지속가능한 어업과 책임 있는 수산물 공급에 대한 워크숍이 열리고, 메뉴판과 포스터 등을 통해 에코라벨과 그 의미를 학생들에게 꾸준히 전달한 결과, 지속가능한 소비문화가 확산되었다.

어린이들이 자연을 배우고 야생동물을 만날 수 있는 동물원, 대형 수족관 등에서도 이러한 교육이 활발하다. 호주의 타롱가(Taronga) 동물원, 스웨덴 스칸센(Skansen) 동물원, 네덜란드 로테르담의 블라도르프(Blijdorp) 동물원, 독일의 쾰른(Köln)·하이델베르크(Heidelberg)·란다우(Landau) 동물원 등이 대표적인 예이다.

지속가능한 어업에 대한 교육과 에코라벨 소비문화를 홍보하는
100년 전통의 자연친화적인 호주 타롱가 동물원

호주 타롱가 동물원은 100년의 역사를 자랑하는 자연친화적인 동물원이다. 2009년부터 물개 쇼에서 지속가능한 어업에 대한 교육과 에코라벨 소비문화를 홍보하고 있다. 이곳에서 운영하는 식당에도 지속가능한 수산물 사용을 고집하고 있다. 매년 열리는 지속가능한 수산물의 날에 유명 요리사를 초청해 '쿠킹 쇼'와 같은 다양한 행사로 지속가능한 수산물의 중요성을 알린다.

유럽의 다른 동물원들도 물개와 바다사자의 먹이 등을 지속가능한 어업에서 생산된 것만 사용한다. 어린 물고기 등이 사료로 쓰이는 것을 방지하기 위한 선택인 것이다. 동물원의 구내식당에도 에코라벨 수산물을 공급함으로써 환경교육과 식습관이 연계될 수 있도록 했다.

세계 최대의 수족관을 운영하고 있는 시라이프(Sea Life)에서는 청소년 해양 프로그램을 개발하여 주변에 어떤 지속가능한 수산물이 판매되고 있는지 학생들과 조사하고 토론하는 시간을 마련하고 있다.

아이들과 학부모들은 이러한 분위기 속에서 자연스럽게 지속가능한 생산과 소비의 중요성을 인식하게 된다. 미국 오벌린대학의 데이비드 오어(David W. Orr) 교수는 우리가 지구에서 지속가능하게 살기 위해서는 생태교양(ecological literacy)을 갖추어야 한다고 했다. 자연과 환경을 이해하고 존중하는 마음을 토대로 형성된 소비 습관은 우리 자녀들에게 그대로 전달되어 다음 세대에게 지속가능한 미래를 넘겨줄 것이기 때문이다.

지속가능한 어업과 SDGs

'지속가능 발전목표(SDGs)'는 지속가능한 미래를 만들기 위해 세계가 협력하자는 취지로 세운 목표이다. 유엔과 국제사회는 2030년까지 사회, 경제, 환경을 아우르는 17대 목표와 169가지 세부지표를 달성할 수 있도록 리더십을 발휘하기로 했다.

그런데 SDGs를 달성하려면 국제기구나 정부의 노력만으로 되지 않는다. 기업, 단체, 시민 등 전 세계 모든 조직과 인류가 참여해야만 지속가능한 발전을 이룰 수 있다. 지속가능한 발전이란 한마디로 우리도 잘 살고 미래 세대도 잘 살게 해주자는 뜻이다. 그렇게 하려면 우리 시대가 안고 있는 빈곤이나 불평등 문제도 잘 해결해야겠지만 미래 세대가 사용해야

지속가능 발전목표(SDGs)

1. 빈곤층 감소와 사회안전망 강화
2. 식량안보와 지속가능한 농업
3. 건강하고 행복한 삶
4. 모두를 위한 양질의 교육
5. 성 평등 포장
6. 건강하고 안전한 물 관리
7. 친환경 에너지의 생산과 소비
8. 좋은 일자리 확대와 경제성장
9. 산업, 혁신, 사회기반시설
10. 모든 종류의 불평등 해소
11. 지속가능한 도시와 지역사회
12. 책임 있는 소비와 생산
13. 기후변화 대응
14. 해양생태계 보전
15. 육상생태계 보전
16. 인권·정의·평화
17. 지구촌 협력 확대

할 환경과 자원을 우리가 허투루 낭비하지 말아야 한다.

특히 목표 12번 책임 있는 소비와 생산, 목표 14번 해양생태계 보전은 우리 수산업이 처한 현실을 개선하기 위해 반드시 달성해야 할 목표들이다. 14번 해양생태계 보전을 위한 세부지표를 살펴보면, 마구잡이와 불법어획의 근절, 해양과 연안 생태계의 보호, 지속가능한 수준으로 수산자원 회복, 해양쓰레기와 오염 문제 해결 등을 구체적으로 요구하고 있다.

현재 우리나라에서는 SDGs를 달성하기 위해 정부 주도로 세부지표에 관한 대응 방안을 마련하고 있다. 하지만 앞서 언급했듯이 SDGs의 본래 취지가 모든 이해관계자가 참여하는 장을 마련하는 것이어서 협력적 거버넌스를 마련하지 않고는 진정한 의미에서 목표를 이루었다고 할 수 없다.

05

협력을 향하여

수산의 미래를 위한 협력적 거버넌스

미래 세대를 위해 지속가능한 어업이 성공적으로 정착하려면 정부와 민간 영역을 아우르는 참여와 소통이 필요하다. 그러나 이러한 협력은 우연히 이루어지지 않는다. 서로 어떻게 문제를 해결할 수 있을지 논의하고 협력할 수 있는 장이 필요하다. 그래서 협력적 거버넌스가 형성되어야 한다. 거버넌스란 공동의 목표를 달성하기 위해, 주어진 자원 제약 아래에서 모든 이해당사자들이 책임감을 가지고 투명하게 의사결정을 수행할 수 있게 하는 여러 장치이다.

수산자원 고갈이라는 공유의 비극을 막기 위해서는 공공부문과 민간부문 간의 적절한 업무 배분과 조정이 필요하다. 이에 따라 여러 분야의 이해관계자들은 민주적이고 자치적으로 운영되는 협력적 거버넌스를 토대로 이러한 문제들을 해결해 나갈 수 있다.

그렇다면 어떠한 이해관계자들이 지속가능한 어업을 위한 협력적 거버넌스에 참여해야 할까? 생산, 유통, 가공, 판매 전반을 포함하는 산업과 시장, 정부와 비정부기구, 국제기구와 비영리단체, 연구기관과 대학 등등 바다에서 일어나는 공동의 문제를 해결하기 위해서는 각 분야 전문가들의 협력이 필요하다. 그러면 수산 분야에는 어떠한 기관과 단체들이 있을까?

지속가능한 수산을 위한 국제기구

세계식량기구(**FAO**: The Food and Agriculture Organization of the United Nations)

1945년 10월 캐나다 퀘벡에서 개최된 제1회 식량농업회의에서 채택된 FAO 헌장에 기초하여 설립되었다. 세계의 식량 및 농·수산에 관한 문제를 다루며 세계 각 국민의 영양 및 생활 수준의 향상 등을 위해 활동한다. 본부는 로마에 있으며, 우리나라는 1949년 11월에 가입했다.

'책임 있는 어업을 위한 행동 규범(Code of Conduct for Responsible Fishing)'과 '에코라벨링 지침(Guidelines for the Ecolabelling of Fish and Fishery Products from Marine Capture Fisheries)'을 제정하여 국제사회에서 지속가능한 어업과 책임 있는 수산물 소비가 이루어지도록 힘쓰고 있다.

유엔개발계획(UNDP: United Nations Development Program)

UNDP는 개발도상국의 원조를 위해 1949년에 창설되었다. 질병 확산을 막는 것에서 갈등 해결까지 현실적인 문제들의 근본 원인을 파악하고, 조직적으로 해결할 수 있는 프로젝트를 개발하는 데 중점을 두고 있다. 우리나라도 1970~1980년대에 UNDP에서 원조를 받았지만, 1990년대부터 지원하는 입장인 공여국의 지위에 올랐다.

UNDP는 2030년까지 지속가능 발전목표(SDGs)를 이룰 수 있도록 지원하고 있는데 특히 해양과 연안의 국가들이 지속가능한 어업과 안정적인 경제활동을 할 수 있도록 노력하고 있다.

유엔환경계획(UNEP: United Nations Environment Program)

1973년 유엔의 환경 전담 기구로, 환경문제에 관한 국제 협력을 촉진하고 갈등을 조정하는 역할을 한다. 1972년 스웨덴 스톡홀름에서 '하나뿐인 지구'라는 주제로 열린 세계 최초의 국제 환경회의인 유엔인간환경회의(United Nations Conference on the Human Environment)에서 설립이 결정되었다.

UNEP는 2011년부터 '세이브 더 시(Save the Sea)' 캠페인을 진행하면서 전 세계 사람들에게 바다의 현재 상황을 알리고 바다의 중요성을 인식할 수 있도록 열심히 활동하고 있다.

유엔 글로벌콤팩트(United Nations Global Compact)

2000년 기업이 사회적 책임(Corporate Social Responsibility, CSR)을 준수하고 사회 구성원으로서 협력하여 지속가능한 경제발전에 기여할 수 있도록 참여를 이끌어 내기 위해 유엔 산하기관으로 설립되었다. 기업들에 인권, 노동, 환경, 반부패 등 4개 분야에 10가지 원칙을 준수할 것과 관련하여 연차 보고서 제출을 요청하고 있다. 또한 지속가능 발전목표(SDGs) 등 유엔이 정한 목표 달성을 위해 다양한 지원활동을 벌이고 있다. 현재 전 세계 160여 개국 1만 4000 기업과 단체가 회원으로 참여하고 있다.

경제협력개발기구(**OECD**: Organization for Economic Cooperation and Development)

세계 각국의 금융을 안정시키고 경제발전에 기여하는 것을 목적으로 1961년에 설립되었다. OECD의 수산위원회에서는 수산자원 회복, 수산물 인증제, 지속가능한 양식 생산 방안을 논의하고 있다. 또한 OECD는 2016년 4월에 『2030년 해양 경제 보고서』를 발간하여 해양 경제의 성장과 전망, 고용 창출과 글로벌 문제 해결 등을 다루었다.

OECD는 회원국과 그 외 국가의 어업 및 양식업과 관련한 생산, 가격, 유통 등의 데이터를 1년 단위로 수집·공개하고 있다. 또한 해양 보존 및 지속가능한 이용을 위해 각국의 정부에서 노력해 줄 것을 권고하고 있다.

해양 및 수산자원에 대한 지나친 탐사, 서식지 파괴, 외래종 침입, 오염 등을 막기 위한 정책 수립도 지원한다.

아시아태평양 경제협력체(**APEC**: Asian Pacific Economic Cooperation)

APEC에는 해양수산 워킹그룹(Ocean Fisheries Working Group, OFWG)이 있다. 해양수산 워킹그룹은 2011년 수산 워킹그룹과 해양 보존 워킹그룹을 통합한 것으로, 해양환경의 지속가능한 개발과 보호, 식량안보를 위한 양식 생산 증대, 기후변화 대응 등을 다룬다.

예를 들어 해양오염을 방지를 위한 수은제품의 대체품 거래 촉진, 해양쓰레기와 미세플라스틱 문제 해결을 위한 종합적인 계획 수립, IUU 어업(Illegal, unreported and unregulated fishing, 불법·비보고·비규제 어업) 퇴치와 같은 논의가 OFWG에서 이루어진다.

지역수산관리기구(**RFMO**: Regional Fisheries Management Organizations)

공해 어업자원의 지속가능성을 보장하고, 해양생태계 보호와 불법 어업을 뿌리 뽑기 위해 다양한 규범이나 지침 등을 지속적으로 개발하고 채택하고 있다. 또한 참치와 같은 특정 종의 어류나 한 지역 내에서 일반적으로 분포하고 있는 해양자원과 관련하여 어획량을 할당하고 조업국과 조업국, 연안국과 조업국 간 협상의 장으로 기능하고 있다. 또한 항만국 통제, 옵서버 프로그램, 어업 감시체제, 통계문서 프로그램, 무역제재 조치 등을 수행한다.

지역수산관리기구

태평양(12개)

아시아태평양 수산위원회(APFIC), 남태평양 해양자원 이용에 관한 태평양상설위원회(CPPS), 남태평양 수산위원회(FFA), 전미 열대다랑어위원회(IATTC), 중서부태평양 수산위원회(WCPFC), 북태평양 소하성어류위원회(NPAFC), 북태평양 해양과학기구(PICES), 태평양 연어위원회(PSC), 남태평양위원회(SPC), 동남아시아 어업개발센터(SEAFDEC), 동부태평양 다랑어위원회(CEPTFA), 중부베링해 명태자원보존협약(CBSPC)

대서양(16개)

대서양아프리카 수산회의(AAFC), 기니만지역 수산위원회(COREP), 동부라틴아메리카 어업관리위원회(COFREMAR), 국제해양개발위원회(ICES), 북서대서양 해양포유류위원회(NAMMCO), 남동대서양 수산기구(SEAFO), 소지역 수산위원회(SRCF), 남서대서양 수산자문위원회(CARPAS), 대서양 다랑어보존위원회(ICCAT), 동구수산위원회(JFC), 발틱해 수산위원회(IBSFC), 북대서양 연어보존기구(NASCO), 북동대서양 수산위원회(NEAFC), 북서대서양 수산기구(NAFO), 중동대서양 수산위원회 (CECAF), 중서대서양 수산위원회(WECAFC)

인도양(6개)

인도양 다랑어위원회(IOTC), 인도태평양 수산위원회(IPFC), 벵갈만 프로그램(BOBP-IGO), 지역수산위원회(RECOFI), 남서인도양 수산위원회(SWIOFC), 서부인도양 다랑어기구(WIOTO)

기타(16개)

FAO 수산위원회(COFI), 국제포경위원회(IWC), 남극 해양생물자원 보존위원회(CCAMLR), 동카리브 국가기구(OECS), 라틴아메리카 수산발전기구((OLDEPESCA), 아태지역 양식기구(NACA), 아태지역 수산시장정보기구(INFOFISH), 어업조사자문위원회(ACFR), 남방참다랑어 보존위원회(CCSBT), 어업통계공동그룹(CWP), 아프리카 내수면수산위원회(CIFA), 라틴아메리카 및 카리브해 내수면위원회(COPESCAL), 유럽 내수면자문위원회(EIFAC), 메콩강위원회(MRC), 빅토리아호 수산기구(LVFO), 지중해 수산위원회(GFCM)

우리나라 수산 관련 국가연구소 및 출연연구소

국립수산과학원(NIFS: National Institute of Fisheries Science)

수산자원과 어장 환경조사, 어업 및 양식기술 개발과 지도, 수산물 위생 안전과 방역, 종자 관리 등 수산과학과 관련한 여러 분야를 연구한다. 지속가능한 어업을 위해 가장 필요한 자원과 혼획에 관한 데이터 및 해양생태계 현황에 관한 조언을 해주는 중요한 역할을 하고 있다.

해양수산개발원(KMI: Korea Maritime institute)

국립수산과학원이 이공계열이라면 해양수산개발원은 인문계열이다. 수산자원 관리 정책 및 어촌 활성화 방안, 유통·가공 등의 수산 식품산업 육성 등 다양한 수산정책을 연구·개발하고 국제 협력을 추진하는 역할을 하고 있다.

한국수산자원공단(FIRA: Korea Fisheries Resources Agency)

수산자원 관리를 위한 TAC 사업 및 연안 총어획량 조사 정보를 이용해 연안의 기후변화를 파악하는 지원 사업을 진행하고 있다. 또한 바다숲 조성 사업 등을 통해 수산생태 환경을 복원하기 위해 노력하고 있다.

해양수산과학기술진흥원(KIMST: Korea Institute of Marine Science & Technology Promotion)

해양수산과 관련한 과학기술을 육성하기 위해 기본 계획을 수립하고 정책을 수립한다. 또한 해양수산 관련 연구 개발이 활성화될 수 있도록 사업 기획·관리와 평가 등을 지원한다. 국제협력과 국제 공동 연구 사업도 지원한다.

해양수산부(MOF: Ministry of Oceans and Fisheries)

대한민국 해양의 개발·이용·보존 정책 등을 관장하는 중앙행정기관이다. 수산 관련 실무부서는 크게 수산정책실과 해양정책실로 나누어진다. 수산정책실에는 수산정책관, 어업자원정책관, 어촌양식정책관이 있어 수산자원 관리 및 생산·유통·가공·수출 등 세부적인 과업을 추진하고 있고, 해양정책실에는 해양환경정책관과 국제원양정책관을 두어 해양생태계 보전과 관리, 원양어업과 국제 통상 업무를 수행하고 있다.

국립수산물품질관리원(NFQS: National Fishery Products Quality Management Service)

우리나라 국민에게 안전하고 질 좋은 수산물을 공급하고 수산식품을 수출할 때 문제가 되지 않도록 수산물 안전성 조사와 검역, 원산지와 이력제 표지, 국가 인증과 관련된 업무를 담당하고 있다.

어업관리단(FMS: Fisheries Management Service)

조업 지도와 불법 어업 단속 등 어업 질서를 확립하고 수산자원을 보호한다. 특히 우리 어업이 공해상에서 IUU 어업을 하는 것을 방지하기 위해 원양조업 감시센터도 운영하고 있다. 배타적 경제수역을 관리하고 지역 간, 국가 간에 일어나는 어업 분쟁도 조정한다.

한국어촌어항공단(FIPA: Korea Fisheries Infrastructure Public Agency)

어촌이 지속가능한 발전을 할 수 있도록 활성화 방안을 마련하고, 건강한 생태계가 조성되어 있는 어장을 만들기 위해 복원사업을 추진한다. 또한 국내 어선들이 정박하는 어항을 유지·보수하고 관리한다.

수협중앙회(National Federation of Fisheries Cooperatives)

수협은 수산업의 지속가능한 발전을 위해 어업 지도와 교육을 지원하고 어업인들의 삶을 보장하기 위해 금융과 보험 서비스를 운영한다. 또한 수산정책 개선이나 수산식품 산업개발 등의 연구 활동과 수산시장 운영, 홈쇼핑, 급식사업 등 수산물 유통시장의 활성화를 위해 다양한 사업을 관장하고 있다.

한국수산회(Korea Fisheries Association)

수산에 관한 문제와 제도 연구, 국내외의 수산 협력을 목적으로 설립된 해양수산부 산하의 사단법인이다. 한·중·일 민간어업 협력사업과 자율관리어업 강화 지원사업 같은 생산 분야와 국내 수산물 수출 및 소비촉진 사업, WTO/FTA 대응 사업과 같은 유통 분야를 아울러 수산업을 활성화하기 위해 여러 가지 지원사업을 추진하고 있다.

한국의 NGO 비정부기구(Non-Governmental Organization)

세계자연기금(WWF: World Wild Fund For Nature)

1961년 설립되었고 스위스에 본부를 둔 국제환경단체이다. WWF는 지구 생태계와 생물 다양성을 보전하기 위해 다양한 노력을 하고 있다. 자연보전 프로젝트, 고위급 정책회의, 환경 캠페인에 참여하고 있으며, 이러한 환경운동에 기업의 참여를 유도하고 있다.

WWF는 기후변화와 해양 파괴처럼 인류 전체에 영향을 주는 큰 사안과 멸종위기종, 서식지 보호같이 시급한 문제를 해결하기 위해 선택과 집중 방식의 전략적 활동을 펼친다.

어업 분야에서는 남획과 혼획, IUU 어업을 방지하고 이러한 수산물이 공급망에서 유통되지 않도록 기여하고 있다. 또한 MSC, ASC 인증을 통해 지속가능한 어업이 유지될 수 있도록 힘쓰고 있다. 현재 세계 100여 개국의 전 세계 네트워크와 500만 명 이상의 후원자들이 활발히 활동하고 있으며, 2014년 한국 본부가 설립되었다. 2019년부터 해양수산부, 국립수산과학원, 한국수산자원공단 등과 협력하여 어린 물고기(치어)를 사랑(럽)하자는 '치어럽' 캠페인을 벌이고 있다.

그린피스(Green Peace)

1971년 설립된 국제환경단체로 지구 환경보호를 위해 네덜란드 암스테르담 본부를 중심으로 55여 개국에서 활동하고 있다.

2011년 우리나라 서울에 그린피스 사무국이 문을 열었다. 이후 그린피스는 기후변화와 에너지, 해양 문제를 중심으로 지속적인 캠페인을 펼쳐 나가고 있다. 특히 행복중심생협과 지속가능한 방식인 채낚기로 낚은 MSC 인증 '착한참치' 홍보활동을 벌임으로써 한국의 지속가능한 수산에 기여했다.

환경정의재단(EJF: Environmental Justice Foundation)

1999년에 설립되었으며 환경보호와 인권을 위해 많은 노력을 기울이고 있다. 특히 소외지역 공동체의 생계유지를 중요하게 생각한다. 하지만 불법 어획과 같은 자원 착취와 환경 파괴가 남반구 연안지역 공동체의 식량 문제로까지 이어지자 국제사회에서 불법 어획을 뿌리 뽑기 위한 노력을 더욱 강화하고 있다.

2017년부터 가나 아크라에서 현지 어업인들과 함께 불법 어업을 막고 지속가능한 어업을 확보하기 위한 프로젝트를 수행하고 있다.

우리나라 정부도 불법 어업 퇴치를 위해 EJF와 MOU(Memorandum of Understanding, 양해각서)를 체결했으며, 현재 우리나라 원양산업법 개정에 참여하고 있다.

환경운동연합(KFEM: Korean Federation For Environmental Movement)

1993년 서울 공해추방운동연합, 부산 공해추방시민운동협의회, 진주 남강을 지키는 시민의 모임, 광주 환경운동시민연합, 대구 공해추방운동협의회, 울산 공해추방운동연합, 마산·창원 공해추방시민운동협의회, 목포 녹색연구회가 통합하여 설립되었다.

핵과 에너지, 기후변화뿐만 아니라 습지·해양 보전 등 환경 전반적인 분야에서 노력하고 있다. 또한 일상생활 속 유해환경을 줄이기 위해 환경호르몬, 발암물질 감시활동, 가습기 살균제 등 환경 피해자 지원 활동, 식품 첨가물 줄이기와 Non-GMO(Non-genetically modified organisms) 캠페인 등을 벌이고 있다. 특히 국가가 세금을 낭비하고 환경을 무분별하게 파괴하지 않도록 국가정책에 대한 정책 제안과 감시활동도 펼치고 있다.

글로벌 어업 감시(Global Fishing Watch)

불법 어업과 수산자원 남획을 막기 위해 인공위성으로 전 세계 해상에 떠 있는 어선을 추적하고 감시하는 단체이다. 구글이 지도 제작업체 스카이트루스(Skytruth)와 해양보호단체인 오세아나(Oceana)와 함께 협력하여 설립했다. 인공위성에서 수집된 선박 자동추적장치(Automatic Identification System, AIS) 데이터를 분석해 세계 바다의 어업 활동을 웹사이트에 표시하고 있다. 이 지도 플랫폼을 통해 누구나 세계 어업 활동을 거의 실시간으로 확인할 수 있다. 2020년 현재 약 7만 6200개 이상의 어선이 모니터링 되고 있으며 불법 어선들 또한 인공지능으로 포착된다.

해양관리협의회(MSC: Marine Stewardship Council)

1996년 지속가능한 수산을 위한 표준 및 인증제도를 개발하기 위해 설립된 국제 비영리기구이다. 표준에는 어업에 지속가능한 수산자원량, 환경영향의 최소화, 효율적인 관리 이 세 가지 원칙을 요구하고, 독립된 3자 인증기관을 통해 평가받을 수 있도록 했다. 어업이 인증서를 취득하면 수산물에 에코라벨을 붙여서 판매할 수 있다. 현재 전 세계 16퍼센트 정도의 수산물이 MSC 인증을 받은 어업에서 공급되고 있다.

2017년 우리나라에도 한국사무소가 설립되어 활발히 활동을 하고 있다. 표준 개정을 위해 한국 전문가들의 참여를 이끌고 있으며, 어업부터 수산가공회사, 대형마트를 아우르는 공급사슬에 지속가능한 수산 생태계가 이루어질 수 있도록 힘쓰고 있다. 또한 소비자 인식을 높이기 위해 다양한 관련 단체와 협력하여 캠페인을 추진하고 있다.

책을 마무리 하고 있는 지금 세계는 코로나 바이러스의 혼란 속에 여전히 빠져 있다. 사망자는 50만 명을 훌쩍 넘었고 감염자도 1000만 명이 넘는다. 2019년 12월 중국 우한에서 최초 코로나 감염자가 발생한 지 불과 3개월 후에 세계보건기구는 팬데믹(pandemic, 세계적으로 전염병이 대유행하는 상태를 의미하며 세계보건기구의 전염병 경보단계 중 최고 위험 등급에 해당)을 선언했고 세계는 멈추었다.

사회적 거리두기가 일상화되었고, 각종 업무와 교육도 비대면으로 이루어지고 있다. 내가 소속되어 있는 MSC에도 모든 해외 출장이 중단되었고, 온라인으로 국제회의가 진행되었다. 내가 맡고 있는 대학원 수업도 한 학기 내내 온라인으로만 진행되었다. 경제는 가까스로 돌아가고 있지만 많은 사람들이 일자리를 잃었다. 국가들은 서로 빗장을 걸어 잠갔고 기업들은 글로벌 공급사슬과 물류 시스템의 차단으로 공장 가동을 멈추었다. 참담한 실정이다.

하지만 숨어 있던 긍정적인 효과도 서서히 드러나고 있다. 바로 지구가 회복되고 있는 것이다.

전 세계 주요 도시들에서 이산화탄소 배출량이 급격하게 감소했다. 미국 뉴욕은 50퍼센트, 중국은 전체 25퍼센트나 줄었다. 평소 스모그로 앞도 보이지 않는 인도 뉴델리에서는 별자리까지 보일 정도로 대기 질이 좋아졌다. 이탈리아 물의 도시 베니스의 악명 높은 수질도 바닥이 투명하게 비칠 정도로 개선되었다. 반면 의료용품, 배달 음식과 같은 일회용품의 사용 증가로 쓰레기가 많이 늘었지만 어쨌든 사람들의 노력으로 환경이 개선될 수 있다는 사실을 증명한 셈이다.

이번 사태로 사람들의 환경에 대한 인식도 많이 바뀌었다. 인간과 동물 그리고 자연의 연결성을 다시 바라보는 분위기가 형성이 되었다. 소비자들도 이제 값싸고 양 많은 제품보다는 환경과 지속가능성을 고려하는 기업 제품을 선호하기 시작했다.

최근 몇 달 동안 우리나라의 대형마트와 온라인 쇼핑몰들이 지속가능한 수산물 공급을 위해 MSC 한국사무소와 파트너십을 체결하고 있다. 환경을 파괴하는 불법 어획, 남획된 수산물 공급을 차단하고 책임 있는 소비문화를 만들겠다는 취지이다. 효율적인 유통 방식과 배송 체계로 오히려 우리 앞바다에서 더 경쟁적으로 조업한다면 우리 수산자원은 금방 고갈 위기에 놓이게 된다. 마구잡이로 수산물 공급도 중단되겠지만 생태계 파괴로 해양생물들이 멸종위기에 처할 수도 있다. 그렇기 때문에 좋은 수산물을 지속가능하게 공급하려면 수산자원 보호와 해양생태계를 먼저 생각하는 어업 방식이 선행되어야 한다.

독자들이 만약 이 책을 읽으면서 우리가 먹는 수산물과 해양환경의 연결성에 대해 한 번쯤 생각해 보았다면 나는 정말 책을 쓴 보람을 느낄 것 같다. 앞으로 해양환경을 파괴하는 불법 어업과 어린 물고기를 싹쓸이하는 어업에서 잡은 수산물은 사먹지 말자. 이제부터 지속가능한 방식으로 잡은 수산물을 소비하자. 그러면 지금 우리가 즐겨먹는 수산물을 다음 세대도 대대로 즐길 수 있을 것이다.

이 책이 나오기까지 도와주신 모든 분들께 감사의 말씀을 드린다. 먼저 늘 격려와 응원을 해주는 아내 김윤주에게 감사한다. 그리고 글 쓰려고 노트북을 꺼낼 때마다 왁자지껄 소음과 큰 웃음을 선사한 영립, 영인, 영제 삼남매에게도 고마움을 전한다. 이들은 수산자원을 물려받아야 할 다음 세대이자 내가 한국에 MSC 지속가능한 수산물 프로그램을 도입하려는 가장 큰 이유이기도 하다. 자료 수집과 교정에 도움을 준 MSC 한국사무소의 허요원 어업매니저, 박현지 커뮤니케이션 담당, 김대원 인턴에게도 특별히 고마움을 전한다. 마지막으로 나의 글을 책으로 세상에 나올 수 있게 해주신 이원중 대표님을 비롯한 도서출판 지성사와 사진 자료를 제공해 주신 모든 분들께 감사를 전한다.

참고 문헌

보고서

그린피스, 『한국원양어업 불법어업(IUU) 실태보고서』, 2013

동해어업관리단, 『우리바다 우리어업』, 2011

통계청, 『어업생산동향조사』, 2019

해양수산개발원, 『KMI 동향분석-60돌 맞은 원양산업, 원양어업 재건을 위한 특단 대책 필요』, 2017

해양수산개발원, 『KMI 동향분석-어린물고기를 살릴 지혜로운 소비로 국민이 수산자원관리를 주도해야』, 2017

해양수산개발원, 『KMI 동향분석-바다낚시 정책, 안전·환경·자원 관리 차원에서 접근해야』, 2018

해양수산개발원, 『KMI 동향분석-어업작원 안전재해 감소 대책 시급-관련 제도 및 조직 정비 필요-』, 2019

해양수산개발원, 『KMI 현안연구-어린물고기 남획실태 및 보호정책 연구』, 2018

해양수산부, 『보호대상해양생물 목록』, 2016

해양수산부, 『수산물 생산 및 유통산업 실태조사』, 2018

FAO, *The State of World Fisheries and Aquaculture*, 2020

IOC-UNESCO, 『전 지구 해양과학보고서』, 2018

MSC, *Consumer Insights Report*, 2018

MSC, 『연간보고서-풍요로운 바다를 위한 공동의 노력』, 2019

NOAA, *Marine Debris Impacts on Coastal and Benthic Habitats*, 2016

UN 생물다양성협약사무국, 『제4차 지구생물다양성 전망』, 2014

UNEP, *Marine Litter Vital Graphics*, 2016

UNGC, 『유엔 글로벌콤팩트 이행보고서』, 2019

WWF, 『해양생명 보고서』, 2015

WWF, 『지구생명 보고서』, 2018

WWF, 『지속가능한 수산물을 위한 WWF의 제안』, 2018

도서

다케쿠니 도모야스 지음, 오근영 옮김, 『한일 피시로드, 흥남에서 교토까지』, 따비, 2014

마크 쿨란스키 지음, 박중서 옮김, 『대구: 세계의 역사와 지도를 바꾼 물고기의 일대기』, 알에이치코리아, 2014

마크 터섹 · 조너선 애덤스 지음, 김지선 옮김, 『나는 자연에 투자한다』, 2015

마틴 노왁 · 로저 하이필드 지음, 허준석 옮김, 『초협력자』, 2011

새뮤얼 보울스·허버트 긴티스 지음, 최정규 · 전용범 · 김영용 옮김, 『협력하는 종』, 한국경제신문, 2011

성락곤, 『한국원양어업 경영사』, 해암, 2001

손정수, 『명태와 황태 덕장』, 국립민속박물관, 2017

송웅달, 『슈퍼피쉬』, 페이퍼스토리, 2013

엘리너 오스트롬 지음, 윤홍근·안도경 옮김, 『공유의 비극을 넘어』, 알에치코리아, 2010
재레드 다이아몬드 지음, 강주헌 옮김, 『문명의 붕괴』, 김영사, 2005
제인 구달 외 지음, 김은영 옮김, 『희망의 밥상』, 사이언스북스, 2006
조너선 밸컴 지음, 양병찬 옮김, 『물고기는 알고 있다』, 에이도스, 2017
찰스 클로버 지음, 이민아 옮김, 『텅 빈 바다』, 펜타그램, 2013
폴 그린버그 지음, 박산호 옮김, 『Four Fish』, 2011

논문

김두남 외, 「한국 연안 고래류의 혼획 현황」, 〈한국수산과학회지〉, 2013
김병엽 외, 「제주도 근해 참조기 유자망 어장의 폐어구 분포현황」, 〈한국수산과학회지〉, 2010
김용진 외, 「폐어구 발생량 및 어구에 사용되는 납 봉돌량 추정」, 〈한국도시환경학회지〉, 2014
김종봉, 「친환경 양식어업으로의 구조재편 추진」, 〈수산정책연구〉, 2009
김종화, 「서해안 어업분쟁에 대한 이론적 고찰」, 〈충남논단〉, 2016
박겸준 외, 「새만금호의 상괭이 대량 폐사 후 상괭이 재출현과 분포 경향」, 〈한국수산과학회지〉, 2014
박성쾌 외, 「기후변화와 수산업의 관계에 대한 연구」, 〈수산해양교육연구〉, 2010
신영태, 「연안어업의 지속적인 발전을 위한 정책방향」, 〈월간 해양수산〉, 2002
신용민, 「한국 멸치어업 발전사」, 〈해양비즈니스〉, 2017
안용락 외, 「동해 연안 소형 고래류의 혼획」, 〈한국수산자원학회지〉, 2004
원남일, 「기후변화가 해양생물자원에 미치는 영향」, 〈계간 해양수산〉, 2011
이석용, 「해양생물자원보호를 위한 국제어업법 변화연구」, 과학기술법연구, 2016
이순태, 「연근해어업의 분쟁조정 기능강화를 위한 법제개선 연구」, 〈한국법제연구원〉, 2015
이슬희 외, 「2011-2017년 국내 연안 고래류의 혼획 특성」, 〈한국수산과학회지〉, 2018
이언경, 「기후변화가 수산식품 공급에 미치는 영향과 대책」, 〈수산정책연구〉, 2009
이윤정, 「미국의 폐어구 관리정책 사례 연구」, 〈한국해양환경에너지학회〉, 2017
이정삼, 김대영, 「폐어구 발생 실태 및 체계적 관리 방향」, 〈수산해양교육연구〉, 2016
조삼광 외, 「서해안 안강망의 끝자루 망목크기에 따른 주요 어종의 어획과 혼획」, 〈수산해양기술연구〉, 2011
황진욱, 이해영, 「친환경 어류양식생산체제 구축의 경제성평가」, 〈한국수산과학회지〉, 2010
Myers, Ransom and Worm, B., "Rapid Worldwide Depletion of Predatory Fish Communities", *Nature*, 2003
Pauly, Daniel et al., "Toward Sustainability in World Fisheries", *Nature*, 2002
Gall, S.C., Thompson, R.C., "The impact of debris on marine life", *Marine Pollution Bulletin*, 2015
Romañacha, Stephanie S. et al., "Conservation and restoration of mangroves: Global status, perspectives, and prognosis", *Ocean and Coastal Management*, 2018

그림 출처

16쪽 말쥐치(국립수산과학원)

19쪽 명태(국립수산과학원)

26쪽 http://www.ohmyjnews.com

32쪽 https://lobsterwar.com/Grayzonefacts

34쪽 https://en.wikipedia.org/wiki/English_Channel_scallop_fishing_dispute(© Idarvol)

36쪽 https://en.wikipedia.org/wiki/Cod_Wars (© Kjallakr)

37쪽 https://en.wikipedia.org/wiki/Turbot_War (© Createaccount)

44쪽 http://www.kcg.go.kr

47쪽 아래 https://skymapglobal.com/fight-against-illegal-fishing

49쪽 http://www.ekrnews.co.kr

52쪽 http://www.kcg.go.kr

53쪽 https://www.voakorea.com/world/asia/3469190

59쪽 https://www.yna.co.kr (한국원양산업협회 제공)

61쪽 https://www.aquaculturealliance.org

62쪽 우럭 양식장 https://www.picuki.com / 배합사료 https://www.yna.co.kr (국립수산과학원 제공)

63쪽 https://www.yna.co.kr (한국해양수산개발원 제공)

65쪽 https://en.wikipedia.org/wiki/Diseases_and_parasites_in_salmon

71쪽 https://campaign.wwfkorea.or.kr/FY20Ocean

72쪽 https://campaign.wwfkorea.or.kr/FY20Ocean

73쪽 https://www.yna.co.kr (국립수산과학원 제공)

74쪽 NOAA(Photo by Dan Foster)

75쪽 F.G. O'Neill and K. Mutch, Scottish Marine and Freshwater Science Vol. 8 No. 01

76쪽 https://en.wikipedia.org/wiki/Shark_finning

78쪽 https://en.wikipedia.org/wiki/Greenland_shark(© Hemming1952)

80쪽 위 https://wallhere.com/ko/wallpaper/1645559
아래 2컷 https://www.greenpeace.org/korea(© Chris Jordan)

82쪽 https://www.smithsonianmag.com(By Emily Eng)

84쪽 https://oceanservice.noaa.gov

85쪽 위 2컷 https://www.greenpeace.org/new-zealand
아래 2컷 https://maineislandkayak.com/ghost-gear

89쪽 https://commons.wikimedia.org/wiki (© Forest and Kim Starr)

90쪽 http://www.greenpostkorea.co.kr/news

91쪽 https://oceanservice.noaa.gov

92쪽 http://www.captain-charles-moore.org

94쪽 https://en.wikipedia.org/wiki/Microplastics (© M. Danny25)
95쪽 https://www.blue-growth.org/Plastics_Waste_Toxins_Pollution
96쪽 http://www.kookje.co.kr (해양수산부 제공)
100쪽 https://en.wikipedia.org/wiki/Climate_variability_and_change (© RCraig09)
101쪽 https://en.wikipedia.org/wiki/Climate_variability_and_change(© Efbrazil)
103쪽 https://en.wikipedia.org/wiki/Red_tide
105쪽 https://en.wikipedia.org/wiki/Hurricane_Katrina
106쪽 https://en.wikipedia.org/wiki/Paris_Agreement (© L.tak)
111쪽 https://ko.wikipedia.org/wiki
112쪽 https://www.fira.or.kr/fira (한국수산자원공단 제공)
113쪽 https://en.wikipedia.org/wiki/Seaweed (갈조류 © Stemonitis, 홍조류 © Emoody26)
114쪽 https://www.fira.or.kr/fira (한국수산자원공단 제공)
115쪽 https://www.flickr.com/photos (© Oregon State University)
118쪽 https://en.wikipedia.org/wiki/FAO_Major_Fishing_Areas (© NordNordWest)
119쪽 https://en.wikipedia.org/wiki/John_Cabot (지도 © Evan T Jones)
120쪽 https://en.wikipedia.org/wiki/Sacred_Cod Liberma
122쪽 https://en.wikipedia.org/wiki/Pacific_cod (© Epipelagic)
123쪽 https://de.wikipedia.org/wiki/Hoplostethus_atlanticus (© CSIRO)
127쪽 https://fishesofaustralia.net.au/home/species/4880
128쪽 https://en.wikipedia.org/wiki/Krill (© Øystein Paulsen)
129쪽 https://www.fiskeridir.no/English/Fisheries/Fisheries-Monitoring-Centre
132쪽 https://mathbench.umd.edu/modules/env-science_tragedy-commons
136쪽 https://commons.wikimedia.org/wiki/Category:John_Forbes_Nash#/media (© European School of Economics)
139쪽 https://en.wikipedia.org/wiki/Cleaner_fish (© Richard Ling)
143쪽 https://en.wikipedia.org/wiki/Elinor_Ostrom (© Holger Motzkau)
153쪽 https://www.msc.org
155쪽 http://scottishfsag.org
156쪽 https://www.flickr.com (© Fred Moore)
159쪽 https://ecotrust.org/ecatch
163쪽 https://www.msc.org
171쪽 https://www.sciencebase.gov
175~177쪽 https://www.msc.org
183쪽 https://www.msc.org
185쪽 https://www.msc.org
187쪽 https://www.un.org/sustainabledevelopment/news/communications-material